## 『新編日科技連数値表』の出版にあたって

　日本科学技術連盟は1948年末に品質管理リサーチ・グループを作り，翌1949年9月から1年間毎月3日のSQCセミナーを開催した．このセミナーは今日品質管理ベーシック・コースとして引き継がれているもので，日本の品質管理発展史上に一時期を画したものであった．この第1回セミナーには製造会社17社から37名が参加した．

　このセミナーを終えた参加者が当面した課題は，「統計的」と冠されたところから生ずる「しち難しい理論」なる恐怖をいかに取り除くかであった．特に，数理統計学の立場からの計算・証明を省略し，現場の技術者，職長といった人々が，公式を容易に使うための簡単な数値表がもっとも強く要求されていた．このような要求に対し第1回セミナーの受講者のひとりで昭和電工川崎工場の技術係長であった富沢 豁氏（後に慶応大学工学部教授）は，セミナーでテキストとして使われた諸書の中から重要と思われる12の表を抜粋し，『品質管理数値表』の原稿としてとりまとめられ，その校訂と印刷を日科技連に依頼された．

　日科技連においては，同氏の案を連盟内のK-委員会（委員長河田龍夫氏）を主とするSQCリサーチ・グループに検討をゆだね，増山元三郎，水野 滋，石川 馨，渡辺英造，三浦 新，西堀栄三郎，竹之内 勲．田口玄一，茅野 健，木暮正夫等の諸氏の協力のもとに，工場現場の必要性と実用性の観点から，さらに広く選択して加えるべきものを定め，1952年に『品質管理用数値表』として刊行した．

　この『品質管理用数値表』は現場の実際家に大いに歓迎され，何度も版を重ねた．紙型が使用に耐えなくなり，組み直すこととなったが，その機会に内容を全面的に再検討して必要な改訂を加えることとなった．SQCリサーチ・グループの会合での数回にわたる討議をもととして，森口繁一氏を長として，浦 昭二，渋谷政昭，関根智明，藤川洋一郎，高橋磐郎，大谷登美子の諸氏の協力のもとに『品質管理用数値表 新編（A）』が作られ，1954年に刊行された．（A）としたわけは，討議の間に，比較的高級な手法のための表は切り離して別にしたほうがよいという意見が出たので，それらを（B）として発行することになったからである．

　『品質管理用数値表 新編（A）』において，その内容はいっそう充実洗練されたものになり，形も使いやすく，使い方の説明も補充され，30有余年の間若干の改訂を経ながら版を重ねた．書名は第6版以来『日科技連数値表A』となった．これはこの数値表が品質管理以外の分野でも利用されている状況を反映したものである．

　しかし，計算機の進歩にともない，その内容の一部に時代に合わない部分がでてきた．

品質管理ベーシック・コースの講師会においても，新しい数値表の作成に対する要望があった．このような状況のもとで企画されたのがこの数値表である．当初全く新しい数値表を作成する案もあったが，『数値表A』は日本の統計的品質管理の発展の過程で生まれた歴史的成果の一つであり，これに慣れ親しんだ人がきわめて多いことを考えると，新数値表は『数値表A』をベースとして作るのが適当と判断された．とにかく新しい数値表を作ってみようということで，ベーシック・コース運営会議の下にワーキング・グループを設立し，尾島善一・押村征二郎，川崎浩二郎，小林龍一，久米 均の5名により作業を開始した．

新数値表の作成は以下の方針によって行なわれた．
1) とりあえずベーシック・コースで使用するものとして作成し，状況が整えば出版することも考える．
2) 全体のページ数は『数値表A』程度とする．
3) 必要と思われる数値表を列挙し，重要度に従って順位をつけ，掲載するものを決定する．
4) 必要な数値表で『数値表A』にあるものは，その使い方の解説とともに，森口先生の許可を得てそれをそのまま用いる．
5) 数値表の構成は，新数値表の値と原表の値を独立に計算機に打ち込み，差をとって0になることを確かめる．連続関数の値については，2次まで差分をとって滑らかさを確認する．

作業は順調に進み，完全というわけにはいかないが，ある程度所期の目的を達成することができたと思う．

成書として出版することの申し出を日科技連出版社から頂き，森口先生の御了解のもとにここに出版の運びとなった．新しい数値表を『新編日科技連数値表』と呼ぶこととし，ワーキング・グループは日科技連数値表委員会と改称した．従来の『数値表A』の改訂版として，多くの方々に御利用頂ければ幸いである．

新数値表の出版にあたっては多くの方々にお世話を頂いた．まず森口繁一先生には全体の構成，表，数式，記号に関し細かい御注意を頂いた．直交表および線点図の掲載については田口玄一先生の御快諾を得た．伏見正則先生からは新しい乱数表を提供して頂いた．ベーシック・コース講師各位からは原案の数値表について多くの改善すべき点を御指摘頂いた．日本科学技術連盟事務局にはワーキング・グループの作業の事務を全面的にサポートして頂いた．日科技連出版社編集部には編集から校正まで出版上のお世話を頂いた．ここに厚く御礼申し上げたい．

1990年3月5日

日科技連数値表委員会代表
久 米 　 均

## 『新編　日科技連数値表－第 2 版－』の出版にあたって

　1954 年に出版された『品質管理数値表 新編（A）』を改訂し，『新編　日科技連数値表』として出版したのは 1990 年のことであったが，これも前身の『品質管理数値表 新編（A）』と同様に多くの人にご利用いただいてきたことは日科技連数値表委員会委員一同の大きな喜びである．今回，これを改訂して『新編　日科技連数値表－第 2 版－』を出版することとしたが，今後もこれまでと同様の役割を果たしうることを期待している．

　グローバリゼーションの進展を受けて，既に日本工業規格 JIS を ISO 国際規格にできるだけ整合させるために，これまでの JIS を見直す多くの活動が展開されてきており，『新編　日科技連数値表』においても JIS に整合させ，その結果として ISO 規格にも整合するものに改訂することは時代の要請であると思われる．数値表の数値がグローバリゼーションによって変化するというものではないが，表の形式，用語，記号などはできるだけ JIS，ISO と整合するものであることが好ましい．

　例えば，管理図における測定値に関する記号は従来 $x$ を使っていたが，今回の改訂ではこれを JIS，ISO 規格に合せて $X$ とした．これにより $\bar{x}-R$ 管理図は $\bar{X}-R$ 管理図と書かれることになる．

　『新編　日科技連数値表』は，これまで多くの方々に利用されてきており，品質管理に関する著書，セミナーのテキストなどでも引用されている場合が少なくない．今回の改訂でそこで用いられている用語，記号と合わなくなる部分が発生し，ご不便をおかけすることになるが，これが最小限にとどまることを願っている．従来使い慣れたものを簡単に変えるべきではないが，一方国際化という時代の流れの中では，わが国だけの習慣に固執しているわけにはいかない．どのような用語，記号を用いるかは，ISO 規格制定の場で検討し，それが国際規格となれば，わが国においてもそれを採用することが筋道と思われる．これまでご愛用頂いた方々には多少のご不便をおかけすることになるかも知れないがご寛容いただければ幸いである．

　今回の改訂作業においては中條武志，尾島善一，永田靖，その他の皆さんにご努力いただいた．また，出版に当たっては，㈱日科技連出版社出版部の戸羽節文氏にお世話をいただいた．ここに厚く御礼申し上げたい．

2009 年 7 月 1 日

　　　　　　　　　　　　　　　　　　　　　　　　　　　　日科技連数値表委員会代表
　　　　　　　　　　　　　　　　　　　　　　　　　　　　　　久　米　　　均

# 目 次

 参考文献……………………………… 1
1. 管理図用公式一覧表………………… 2
2. $X$ 管理図・$Me$ 管理図の係数表…… 2
3. $\overline{X}-R$ 管理図用係数表…………… 3
4. $\overline{X}-s$ 管理図用係数表…………… 3
5. 正規分布表（Ⅰ）……………………… 4
6. 正規分布表（Ⅱ）……………………… 5
7. 正規分布表（Ⅲ）……………………… 5
8. 正規分布に関する計算……………… 5
9. $t$ 表………………………………… 6
10. $t$ 表の使いかた…………………… 7
11. $\chi^2$ 表……………………………… 8
12. $\chi^2$ 表の使いかた………………… 9
13. $F$ 表（5％, 1％）…………………… 10
14. $F$ 表（0.5％）……………………… 12
15. $F$ 表（2.5％）……………………… 13
16. $F$ 表（10％）………………………… 14
17. $F$ 表（25％）………………………… 15
18. $F$ 表の使いかた…………………… 16
19. 最大分散比 $F_{max}$…………………… 17
20. 分散の一様性の検定………………… 17
21. 範囲を用いる検定の補助表………… 18
22. 補間法について……………………… 18
23. $z$ 変換図表…………………………… 19
24. $r$ 表………………………………… 20
25. $r$ 表と $z$ 変換図表の使いかた…… 20
26. 異常値の検定………………………… 21
27. 正規性の検定（Ⅰ）…………………… 22
28. 正規性の検定（Ⅱ）…………………… 23
29. 正規確率紙の使いかた……………… 24
30. 正規確率紙…………………………… 25
31. 二項確率紙（符号検定用）…………… 26
32. 符号検定……………………………… 26
33. メディアンランク…………………… 27
34. ワイブル確率紙の使いかた………… 27
35. ワイブル確率紙……………………… 28
36. 直交多項式係数表…………………… 29
37. 直交配列表と線点図（Ⅰ）…………… 30
38. 直交配列表と線点図（Ⅱ）…………… 31
39. 直交配列表と線点図（Ⅲ）…………… 32
40. 直交配列表と線点図（Ⅳ）…………… 33
41. 直交配列表と線点図（Ⅴ）…………… 34
42. 直交配列表と線点図（Ⅵ）…………… 35
43. 直交配列表と線点図（Ⅶ）…………… 36
44. 乱数表の使いかた…………………… 37
45. 正規乱数表の使いかた……………… 37
46. 乱数表（Ⅰ）…………………………… 38
47. 乱数表（Ⅱ）…………………………… 39
48. 乱数表（Ⅲ）…………………………… 40
49. 乱数表（Ⅳ）…………………………… 41
50. 乱数表（Ⅴ）…………………………… 42
51. 乱数表（Ⅵ）…………………………… 43
52. 正規乱数表（Ⅰ）……………………… 44
53. 正規乱数表（Ⅱ）……………………… 45
54. 正規乱数表（Ⅲ）……………………… 46
55. 正規乱数表（Ⅳ）……………………… 47
56. 簡易表………………………………… 48

## 参 考 文 献

この数値表を編集する際，特に次の文献を参照した．(この数値表の番号：〔文献番号〕ページ)

| | | | |
|---|---|---|---|
| 1：〔1〕 | 10b：〔8〕 | 24：〔7〕46 | 35：〔18〕 |
| 2：〔1〕115〔2〕—〔5〕 | 11：〔9〕 | 26：〔19〕 | 37—43：〔24〕 |
| 3：〔1〕115〔25〕† | 13—17：〔10〕 | 27：〔20〕 | 46—51：〔22〕 |
| 4：〔15〕184 | 19：〔15〕179 | 28：〔21〕 | 52—55：〔25〕 |
| 5：〔6〕31 | 20：〔16〕 | 30：〔23〕 | |
| 6：〔6〕18 | 21：〔14〕 | 31：〔12〕—〔13〕 | |
| 9：〔7〕32 | 23：〔11〕 | 33：〔17〕 | |

〔1〕 ASTM Manual on Quality Control of Materials, 1951, pp. 110 – 115.
〔2〕 Hojo, Biometrika, **23**(1931), 315; E. S. Pearson, Biometrika, **32**(1941—2), 301; 藤田 薫, 品質管理, **3**(1952), 222.
〔3〕 E.B. Ferrel, Industrial Quality Control, **9**/5 (1953/3), 30.
〔4〕 J. M. Howell, Annals of Math. Stat., **20**(1949), 305—309.
〔5〕 A. J. Duncan, Industrial Quality Control, **7**/3 (1950), 11.
〔6〕 Statistical Research Group, Columbia University, Selected Techniques of Statistical Analysis, McGraw-Hill, 1947.
〔7〕 R. A. Fisher and F. Yates, Statistical Tables for Biometrical, Agricultural and Medical Research, 3rd ed., Oliver and Boyd, 1949.
〔8〕 B. L. Welch, Biometrika, **36**(1949), 293—296; 浦 昭二, 品質管理, **5**(1954), 435.
〔9〕 C. M. Thompson, Biometrika, **32**(1941—2), 188—9.
〔10〕 M. Merrington and C. M. Thompson, Biometrika, **33**(1943), 73—88.
〔11〕 北川敏男・増山元三郎編, 新編統計数値表, 河出, 1952, p. 83; 第3版, 浦 昭二作図; 第8版, 三浦大亮作図.
〔12〕 F. Mosteller and J. W. Tukey, J. Amer. Stat. Assoc., **44**(1949), 174—212; 増山元三郎, 推計紙の使いかた, 日本規格協会, 1951.
〔13〕 A. M. Mood and W. J. Dixon, J. Amer. Stat. Assoc., **41**(1946), 557—566.
〔14〕 P. B. Patnaik, Biometrika, **37**(1950), 78 - 87; H. A. David, Biometrika, **38**(1951), 393—409; 森口繁一, 品質管理, **4**(1953), 282—284.
〔15〕 E. S. Pearson and H. O. Hartley, Biometrika Tables for Statisticians, Vol. 1, Cambridge University Press, 1954.
〔16〕 H. O. Hartley, Biometrika, **37**(1950), 308—312.
〔17〕 日科技連編, 信頼性数値表, 日科技連, 1974, p. 34.
〔18〕 日科技連ワイブル確率紙, 1967.
〔19〕 F. E. Grubbs and G. Beck, Technometrics, **14**(1972), 847—854.
〔20〕 E. S. Pearson and H. O. Hartley, Biometrika Tables for Statisticians, Vol. 1, 3rd ed., Cambridge University Press, 1970, p. 208; 柴田義貞, 正規分布, 東大出版会, 1981, p. 294.
〔21〕 S. S. Shapiro and M. B. Wilk, Biometrika, **52**(1965), 591—611.
〔22〕 伏見正則・手塚 集, 応用統計学, **15**(1986), 159—160.
〔23〕 日科技連正規確率紙, 1957.
〔24〕 田口玄一, 実験計画法第3版, 丸善, 1976.
〔25〕 統計数値表委員会, 統計数値表 JSA-1972, 日本規格協会, 1972, pp. 428 - 437.
　†：〔1〕の数値は〔25〕より求めた値と数箇所で最終桁で ±1 の食い違いがあるので, 〔25〕に基づいて修正している.

## 1. 管理図用公式一覧表

| 管理図の種類 | 標準値による計算の公式 | | 予備データによる計算の公式 | |
|---|---|---|---|---|
| | 中心線 | 管理限界 | 中心線 | 管理限界 |
| $\overline{X}$ | $\mu'$ | $\mu' \pm A\sigma'$ | $\overline{\overline{X}}$ | $\overline{\overline{X}} \pm A_2 \overline{R}$ |
| $R$ | $d_2 \sigma'$ | $D_2 \sigma'$, $D_1 \sigma'$ | $\overline{R}$ | $D_4 \overline{R}$, $D_3 \overline{R}$ |
| $\overline{X}$ | $\mu'$ | $\mu' \pm A\sigma'$ | $\overline{\overline{X}}$ | $\overline{\overline{X}} \pm A_3 \overline{s}$ |
| $s$ | $c_4 \sigma'$ | $B_6 \sigma'$, $B_5 \sigma'$ | $\overline{s}$ | $B_4 \overline{s}$, $B_3 \overline{s}$ |
| $p$ | $p'$ | $p' \pm 3\sqrt{p'(1-p')/n}$ | $\overline{p}$ | $\overline{p} \pm 3\sqrt{\overline{p}(1-\overline{p})/n}$ |
| $np$ | $np'$ | $np' \pm 3\sqrt{np'(1-p')}$ | $\overline{np}$ | $\overline{np} \pm 3\sqrt{\overline{np}(1-\overline{p})}$ |
| $c$ | $c'$ | $c' \pm 3\sqrt{c'}$ | $\overline{c}$ | $\overline{c} \pm 3\sqrt{\overline{c}}$ |
| $u$ | $u'$ | $u' \pm 3\sqrt{u'/n}$ | $\overline{u}$ | $\overline{u} \pm 3\sqrt{\overline{u}/n}$ |

$\overline{X}$ = サンプルの平均値 = $(X_1+X_2+\cdots+X_n)/n$
$\mu'$ = 標準分布の平均値
$\overline{\overline{X}} = \sum \overline{X}/k$ = ($\overline{X}$の和)/(組の数)
$R$ = 範囲 = ($X$の最大値) − ($X$の最小値)
$s$ = 分散の平方根 = $\sqrt{\sum(X_i-\overline{X})^2/(n-1)}$
$\sigma'$ = 標準分布の標準偏差
$\overline{R} = \sum R/k$ = ($R$の和)/(組の数)
$\overline{s} = \sum s/k$ = ($s$の和)/(組の数)

$p$ = サンプルの不適合品率 = (不適合品の数)/(サンプルの大きさ)
$np$ = サンプル中の不適合品の数
$c$ = サンプル中の不適合数
$u$ = (サンプル中の不適合数)/(サンプルの大きさ)
$p', c', u'$ はそれぞれ $p, c, u$ の標準値
$\overline{p} = \sum np/\sum n$ = (不適合品総数)/(検査個数の総数)
$\overline{np} = \sum np/k$ = (不適合品総数)/(組の数)
$\overline{c} = \sum c/k$, $\overline{u} = \sum c/\sum n$

$A = \dfrac{3}{\sqrt{n}}$, $A_3 = \dfrac{3}{\sqrt{n}\,c_4}$, $A_2 = \dfrac{3}{\sqrt{n}\,d_2}$, $\left.\begin{array}{l}D_2\\D_1\end{array}\right\} = d_2 \pm 3d_3$, $\left.\begin{array}{l}D_4\\D_3\end{array}\right\} = 1 \pm 3\dfrac{d_3}{d_2}$, $\left.\begin{array}{l}B_6\\B_5\end{array}\right\} = c_4 \pm 3c_5$, $\left.\begin{array}{l}B_4\\B_3\end{array}\right\} = 1 \pm 3\dfrac{c_5}{c_4}$

正規分布 $N(0,1)$ からの大きさ $n$ のサンプルについて、$E(R) = d_2$, $D(R) = d_3$, $E(s) = c_4$, $D(s) = c_5$

$d_2 = \int_{-\infty}^{\infty} \{1-(1-\alpha_1)^n-\alpha_1^n\}\,dx_1$, $d_3 = \left[2\int_{-\infty}^{\infty} dx_n \int_{-\infty}^{x_n} \{1-\alpha_n^n-(1-\alpha_1)^n+(\alpha_n-\alpha_1)^n\}\,dx_1 - d_2^2\right]^{\frac{1}{2}}$

$\Phi(x) = \int_{-\infty}^{x} \dfrac{1}{\sqrt{2\pi}} e^{-\frac{t^2}{2}}\,dt$, $\alpha_n = \Phi(x_n)$, $\alpha_1 = \Phi(x_1)$.

$c_4 = \sqrt{\dfrac{2}{n-1}}\,\Gamma\!\left(\dfrac{n}{2}\right)\!/\Gamma\!\left(\dfrac{n-1}{2}\right)$, $c_5 = \sqrt{1-c_4^2}$

$\Gamma(m) = (m-1)! = (m-1)(m-2)\cdots 2\cdot 1$
$\Gamma(m+\tfrac{1}{2}) = (2m-1)(2m-3)\cdots 3\cdot 1\sqrt{\pi}/2^m$

## 2. $X$(個々の値の)管理図・$Me$(メディアン)管理図の係数表

| $X$ の管理限界 | $Me$ の管理限界 | サンプルの大きさ $n$ | $\overline{R}$ を用いるとき | | |
|---|---|---|---|---|---|
| $\mu' \pm 3\sigma'$ | $\mu' \pm m_3 A \sigma'$ | | $X$ | $Me$ | |
| $\overline{\overline{X}} \pm E_2 \overline{R}$ | $\overline{Me} \pm A_4 \overline{R}$ | | $E_2$ | $m_3$ | $A_4$ |
| $E_2 = 3/d_2 = \sqrt{n}\,A_2$ 移動範囲の管理図と併用するときは $n=2$ に対する値、すなわち $E_2 = 2\cdot 66$ を用いる. | $Me$ = メディアン = 測定値を大きさの順にならべたときの中央の値(奇数個のとき)または中央の二つの平均(偶数個のとき) $\overline{Me}$ = $Me$ の平均 $D(Me) = m_3 \sigma'/\sqrt{n}$ | 2<br>3<br>4<br>5<br>6<br>7<br>8<br>9<br>10 | 2·659<br>1·772<br>1·457<br>1·290<br>1·184<br>1·109<br>1·054<br>1·010<br>0·975 | 1·000<br>1·160<br>1·092<br>1·197<br>1·135<br>1·214<br>1·160<br>1·223<br>1·177 | 1·880<br>1·187<br>·796<br>·691<br>·549<br>·509<br>·432<br>·412<br>·363 |

## 3. $\overline{X}$-$R$ 管理図用係数表

（3シグマ法による$\overline{X}$-$R$管理図の管理線を計算するための係数を求める表）

| サンプルの大きさ $n$ | $\overline{X}$ の管理図 | | | | | $R$ の管理図 | | | | |
|---|---|---|---|---|---|---|---|---|---|---|
| | $\sqrt{n}$ | $A$ | $A_2$ | $d_2$ | $1/d_2$ | $d_3$ | $D_1$ | $D_2$ | $D_3$ | $D_4$ |
| 2 | 1·414 | 2·121 | 1·880 | 1·128 | ·8862 | 0·853 | —— | 3·686 | —— | 3·267 |
| 3 | 1·732 | 1·732 | 1·023 | 1·693 | ·5908 | 0·888 | —— | 4·358 | —— | 2·575 |
| 4 | 2·000 | 1·500 | 0·729 | 2·059 | ·4857 | 0·880 | —— | 4·698 | —— | 2·282 |
| 5 | 2·236 | 1·342 | 0·577 | 2·326 | ·4299 | 0·864 | —— | 4·918 | —— | 2·114 |
| 6 | 2·449 | 1·225 | 0·483 | 2·534 | ·3946 | 0·848 | —— | 5·079 | —— | 2·004 |
| 7 | 2·646 | 1·134 | 0·419 | 2·704 | ·3698 | 0·833 | 0·205 | 5·204 | 0·076 | 1·924 |
| 8 | 2·828 | 1·061 | 0·373 | 2·847 | ·3512 | 0·820 | 0·388 | 5·307 | 0·136 | 1·864 |
| 9 | 3·000 | 1·000 | 0·337 | 2·970 | ·3367 | 0·808 | 0·547 | 5·394 | 0·184 | 1·816 |
| 10 | 3·162 | 0·949 | 0·308 | 3·078 | ·3249 | 0·797 | 0·686 | 5·469 | 0·223 | 1·777 |

注 $D_1$, $D_3$ の欄の――は，$R$ の下方管理限界を考えないことを示す．

**例1．** $n=5$, $\mu'=30$, $\sigma'=10$ のとき，$\overline{X}$ の管理限界は $\mu' \pm A\sigma' = 30 \pm 1·342 \times 10 = 43·42, 16·58$；$R$ の中心線は $d_2\sigma' = 23·26$．$R$ の上方管理限界は $D_2\sigma' = 49·18$．下方管理限界は $D_1\sigma' = $ ――（考えない）．

**例2．** $n=4$, $\overline{\overline{X}}=49·48$, $\overline{R}=19·28$ のとき，$\overline{X}$ の管理限界は $\overline{\overline{X}} \pm A_2\overline{R} = 49·48 \pm 0·729 \times 19·28 = 49·48 \pm 14·06 = 63·54, 35·42$；$R$ の中心線は $\overline{R}=19·28$，上方管理限界は $D_4\overline{R} = 2·282 \times 19·28 = 44·00$，下方管理限界は $D_3\overline{R} = $ ――（考えない）．工程が安定しているとき，分布が対称ならば，$X$ はだいたい $\overline{\overline{X}} \pm \sqrt{n}\,A_2\overline{R} = 49·48 \pm 2·000 \times 14·06 = 77·60, 21·36$ の間におさまる．

## 4. $\overline{X}$-$s$ 管理図用係数表

（3シグマ法による$\overline{X}$-$s$管理図の管理線を計算するための係数を求める表）

| サンプルの大きさ $n$ | $\overline{X}$ の管理図 | | | | | $s$ の管理図 | | | | |
|---|---|---|---|---|---|---|---|---|---|---|
| | $\sqrt{n}$ | $A$ | $A_3$ | $c_4$ | $1/c_4$ | $c_5$ | $B_5$ | $B_6$ | $B_3$ | $B_4$ |
| 2 | 1·414 | 2·121 | 2·659 | ·7979 | 1·253 | ·6028 | —— | 2·606 | —— | 3·267 |
| 3 | 1·732 | 1·732 | 1·954 | ·8862 | 1·128 | ·4633 | —— | 2·276 | —— | 2·568 |
| 4 | 2·000 | 1·500 | 1·628 | ·9213 | 1·085 | ·3888 | —— | 2·088 | —— | 2·266 |
| 5 | 2·236 | 1·342 | 1·427 | ·9400 | 1·064 | ·3412 | —— | 1·964 | —— | 2·089 |
| 6 | 2·449 | 1·225 | 1·287 | ·9515 | 1·051 | ·3075 | 0·029 | 1·874 | 0·030 | 1·970 |
| 7 | 2·646 | 1·134 | 1·182 | ·9594 | 1·042 | ·2822 | 0·113 | 1·806 | 0·118 | 1·882 |
| 8 | 2·828 | 1·061 | 1·099 | ·9650 | 1·036 | ·2621 | 0·179 | 1·751 | 0·185 | 1·815 |
| 9 | 3·000 | 1·000 | 1·032 | ·9693 | 1·032 | ·2458 | 0·232 | 1·707 | 0·239 | 1·761 |
| 10 | 3·162 | 0·949 | 0·975 | ·9727 | 1·028 | ·2322 | 0·276 | 1·669 | 0·284 | 1·716 |
| 11 | 3·317 | 0·905 | 0·927 | ·9754 | 1·025 | ·2207 | 0·313 | 1·637 | 0·321 | 1·679 |
| 12 | 3·464 | 0·866 | 0·886 | ·9776 | 1·023 | ·2107 | 0·346 | 1·610 | 0·354 | 1·646 |
| 13 | 3·606 | 0·832 | 0·850 | ·9794 | 1·021 | ·2019 | 0·374 | 1·585 | 0·382 | 1·618 |
| 14 | 3·742 | 0·802 | 0·817 | ·9810 | 1·019 | ·1942 | 0·399 | 1·563 | 0·406 | 1·594 |
| 15 | 3·873 | 0·775 | 0·789 | ·9823 | 1·018 | ·1872 | 0·421 | 1·544 | 0·428 | 1·572 |
| 16 | 4·000 | 0·750 | 0·763 | ·9835 | 1·017 | ·1810 | 0·440 | 1·526 | 0·448 | 1·552 |
| 17 | 4·123 | 0·728 | 0·739 | ·9845 | 1·016 | ·1753 | 0·458 | 1·511 | 0·466 | 1·534 |
| 18 | 4·243 | 0·707 | 0·718 | ·9854 | 1·015 | ·1702 | 0·475 | 1·496 | 0·482 | 1·518 |
| 19 | 4·359 | 0·688 | 0·698 | ·9862 | 1·014 | ·1655 | 0·490 | 1·483 | 0·497 | 1·503 |
| 20 | 4·472 | 0·671 | 0·680 | ·9869 | 1·013 | ·1611 | 0·504 | 1·470 | 0·510 | 1·490 |
| 25 | 5·000 | 0·600 | 0·606 | ·9896 | 1·010 | ·1436 | 0·559 | 1·420 | 0·565 | 1·435 |
| 30 | 5·477 | 0·548 | 0·552 | ·9914 | 1·009 | ·1307 | 0·599 | 1·384 | 0·604 | 1·396 |
| 40 | 6·325 | 0·474 | 0·477 | ·9936 | 1·006 | ·1129 | 0·655 | 1·332 | 0·659 | 1·341 |
| 50 | 7·071 | 0·424 | 0·426 | ·9949 | 1·005 | ·1008 | 0·693 | 1·297 | 0·696 | 1·304 |
| 100 | 10·000 | 0·300 | 0·301 | ·9975 | 1·003 | ·0710 | 0·785 | 1·210 | 0·787 | 1·213 |
| 20以上 | | $\dfrac{3}{\sqrt{n}}$ | $\dfrac{3}{\sqrt{n}}\left(1+\dfrac{1}{4n}\right)$ | $1-\dfrac{1}{4n}$ | $1+\dfrac{1}{4n}$ | $\dfrac{1}{\sqrt{2n}}$ | $1-\dfrac{3}{\sqrt{2n}}$ | $1+\dfrac{3}{\sqrt{2n}}$ | $1-\dfrac{3}{\sqrt{2n}}$ | $1+\dfrac{3}{\sqrt{2n}}$ |

注 $B_5$, $B_3$ の欄の――は $s$ の下方管理限界を考えないことを示す．

標準値 $\mu'$, $\sigma'$ が与えられたとき，$\overline{X}$ の管理限界は $\mu' \pm A\sigma'$，$s$ の中心線は $c_4\sigma'$，管理限界は $B_6\sigma'$, $B_5\sigma'$．また $\overline{\overline{X}}$, $\overline{s}$ から計算するとき，$\overline{X}$ の管理限界は $\overline{\overline{X}} \pm A_3\overline{s}$ となり，$s$ の中心線は $\overline{s}$，管理限界は $B_4\overline{s}$, $B_3\overline{s}$ で与えられる．

工程が安定していて分布が対称ならば，$X$ はだいたい $\overline{\overline{X}} \pm \sqrt{n}\,A_3\overline{s}$ の間におさまる．

## 5. 正規分布表（I）

$$K_P \longrightarrow P = \Pr\{u \geq K_P\} = \frac{1}{\sqrt{2\pi}} \int_{K_P}^{\infty} e^{-\frac{x^2}{2}} dx$$

（$K_P$ から $P$ を求める表）

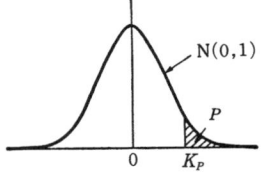

| $K_P$ | *=0 | 1 | 2 | 3 | 4 | 5 | 6 | 7 | 8 | 9 |
|---|---|---|---|---|---|---|---|---|---|---|
| 0·0* | ·5000 | ·4960 | ·4920 | ·4880 | ·4840 | ·4801 | ·4761 | ·4721 | ·4681 | ·4641 |
| 0·1* | ·4602 | ·4562 | ·4522 | ·4483 | ·4443 | ·4404 | ·4364 | ·4325 | ·4286 | ·4247 |
| 0·2* | ·4207 | ·4168 | ·4129 | ·4090 | ·4052 | ·4013 | ·3974 | ·3936 | ·3897 | ·3859 |
| 0·3* | ·3821 | ·3783 | ·3745 | ·3707 | ·3669 | ·3632 | ·3594 | ·3557 | ·3520 | ·3483 |
| 0·4* | ·3446 | ·3409 | ·3372 | ·3336 | ·3300 | ·3264 | ·3228 | ·3192 | ·3156 | ·3121 |
| 0·5* | ·3085 | ·3050 | ·3015 | ·2981 | ·2946 | ·2912 | ·2877 | ·2843 | ·2810 | ·2776 |
| 0·6* | ·2743 | ·2709 | ·2676 | ·2643 | ·2611 | ·2578 | ·2546 | ·2514 | ·2483 | ·2451 |
| 0·7* | ·2420 | ·2389 | ·2358 | ·2327 | ·2296 | ·2266 | ·2236 | ·2206 | ·2177 | ·2148 |
| 0·8* | ·2119 | ·2090 | ·2061 | ·2033 | ·2005 | ·1977 | ·1949 | ·1922 | ·1894 | ·1867 |
| 0·9* | ·1841 | ·1814 | ·1788 | ·1762 | ·1736 | ·1711 | ·1685 | ·1660 | ·1635 | ·1611 |
| 1·0* | ·1587 | ·1562 | ·1539 | ·1515 | ·1492 | ·1469 | ·1446 | ·1423 | ·1401 | ·1379 |
| 1·1* | ·1357 | ·1335 | ·1314 | ·1292 | ·1271 | ·1251 | ·1230 | ·1210 | ·1190 | ·1170 |
| 1·2* | ·1151 | ·1131 | ·1112 | ·1093 | ·1075 | ·1056 | ·1038 | ·1020 | ·1003 | ·0985 |
| 1·3* | ·0968 | ·0951 | ·0934 | ·0918 | ·0901 | ·0885 | ·0869 | ·0853 | ·0838 | ·0823 |
| 1·4* | ·0808 | ·0793 | ·0778 | ·0764 | ·0749 | ·0735 | ·0721 | ·0708 | ·0694 | ·0681 |
| 1·5* | ·0668 | ·0655 | ·0643 | ·0630 | ·0618 | ·0606 | ·0594 | ·0582 | ·0571 | ·0559 |
| 1·6* | ·0548 | ·0537 | ·0526 | ·0516 | ·0505 | ·0495 | ·0485 | ·0475 | ·0465 | ·0455 |
| 1·7* | ·0446 | ·0436 | ·0427 | ·0418 | ·0409 | ·0401 | ·0392 | ·0384 | ·0375 | ·0367 |
| 1·8* | ·0359 | ·0351 | ·0344 | ·0336 | ·0329 | ·0322 | ·0314 | ·0307 | ·0301 | ·0294 |
| 1·9* | ·0287 | ·0281 | ·0274 | ·0268 | ·0262 | ·0256 | ·0250 | ·0244 | ·0239 | ·0233 |
| 2·0* | ·0228 | ·0222 | ·0217 | ·0212 | ·0207 | ·0202 | ·0197 | ·0192 | ·0188 | ·0183 |
| 2·1* | ·0179 | ·0174 | ·0170 | ·0166 | ·0162 | ·0158 | ·0154 | ·0150 | ·0146 | ·0143 |
| 2·2* | ·0139 | ·0136 | ·0132 | ·0129 | ·0125 | ·0122 | ·0119 | ·0116 | ·0113 | ·0110 |
| 2·3* | ·0107 | ·0104 | ·0102 | ·0099 | ·0096 | ·0094 | ·0091 | ·0089 | ·0087 | ·0084 |
| 2·4* | ·0082 | ·0080 | ·0078 | ·0075 | ·0073 | ·0071 | ·0069 | ·0068 | ·0066 | ·0064 |
| 2·5* | ·0062 | ·0060 | ·0059 | ·0057 | ·0055 | ·0054 | ·0052 | ·0051 | ·0049 | ·0048 |
| 2·6* | ·0047 | ·0045 | ·0044 | ·0043 | ·0041 | ·0040 | ·0039 | ·0038 | ·0037 | ·0036 |
| 2·7* | ·0035 | ·0034 | ·0033 | ·0032 | ·0031 | ·0030 | ·0029 | ·0028 | ·0027 | ·0026 |
| 2·8* | ·0026 | ·0025 | ·0024 | ·0023 | ·0023 | ·0022 | ·0021 | ·0021 | ·0020 | ·0019 |
| 2·9* | ·0019 | ·0018 | ·0018 | ·0017 | ·0016 | ·0016 | ·0015 | ·0015 | ·0014 | ·0014 |
| 3·0* | ·0013 | ·0013 | ·0013 | ·0012 | ·0012 | ·0011 | ·0011 | ·0011 | ·0010 | ·0010 |
| 3·5 | ·2326E−3 | | | | | | | | | |
| 4·0 | ·3167E−4 | | | | | | | | | |
| 4·5 | ·3398E−5 | | | | | | | | | |
| 5·0 | ·2867E−6 | | | | | | | | | |
| 5·5 | ·1899E−7 | | | | | | | | | |
| 6·0 | ·9866E−9 | | | | | | | | | |

**例** $K_P = 1·96$ に対する $P$ は，左の見出しの 1·9* から右へ行き，上の見出しの 6 から下がってきたところの値を読み，·0250 となる．

**注** 正規分布 $N(0,1)$ の累積分布関数 $\Phi(u) = \int_{-\infty}^{u} \frac{1}{\sqrt{2\pi}} e^{-x^2/2} dx$ の求めかた：

$u < 0$ ならば，$|u| = K_P$ として $P$ を読み，$\Phi(u) = P$ とする．

例：$\Phi(-1·96) = ·0250$

$u > 0$ ならば，$u = K_P$ として $P$ を読み，$\Phi(u) = 1 - P$ とする．

例：$\Phi(1·96) = ·9750$

## 6. 正規分布表(II)

$$P \longrightarrow K_P \qquad \frac{1}{\sqrt{2\pi}}\int_{K_P}^{\infty} e^{-\frac{x^2}{2}}dx = P$$

($P$ から $K_P$ を求める表)

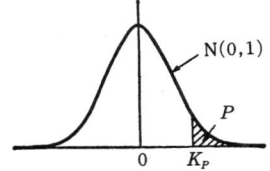

| $P$ | *=0 | 1 | 2 | 3 | 4 | 5 | 6 | 7 | 8 | 9 |
|---|---|---|---|---|---|---|---|---|---|---|
| 0.00* | ∞ | 3.090 | 2.878 | 2.748 | 2.652 | **2.576** | 2.512 | 2.457 | 2.409 | 2.366 |
| 0.0* | ∞ | 2.326 | 2.054 | 1.881 | 1.751 | **1.645** | 1.555 | 1.476 | 1.405 | 1.341 |
| 0.1* | **1.282** | 1.227 | 1.175 | 1.126 | 1.080 | **1.036** | .994 | .954 | .915 | .878 |
| 0.2* | **.842** | .806 | .772 | .739 | .706 | **.674** | .643 | .613 | .583 | .553 |
| 0.3* | **.524** | .496 | .468 | .440 | .412 | **.385** | .358 | .332 | .305 | .279 |
| 0.4* | **.253** | .228 | .202 | .176 | .151 | **.126** | .100 | .075 | .050 | .025 |

注 この表は片側確率を指定するとき使う。両側確率 $\alpha$ を指定するときは $P = \alpha/2$ としてこの表を使うか、または $t$ 表 (p.6) の $\phi = \infty$ の行による。

例1. $P = 0.005$ に対しては、0.00* の行、5 の列を読み、$K_{.005} = 2.576$
例2. $P = 0.05$ に対しては、0.0* の行、5 の列を読み、$K_{.05} = 1.645$
例3. $P = 0.25$ に対しては、0.2* の行、5 の列を読み、$K_{.25} = .674$

## 7. 正規分布表(III)

$$u \longrightarrow \phi(u) = \frac{1}{\sqrt{2\pi}} e^{-\frac{u^2}{2}} \qquad (u \text{ から } \phi(u) \text{ を求める表})$$

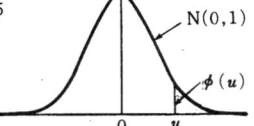

| $u$ | *=0 | 1 | 2 | 3 | 4 | 5 | 6 | 7 | 8 | 9 |
|---|---|---|---|---|---|---|---|---|---|---|
| 0.* | **.399** | .397 | .391 | .381 | .368 | **.352** | .333 | .312 | .290 | .266 |
| 1.* | **.2420** | .2179 | .1942 | .1713 | .1497 | **.1295** | .1109 | .0940 | .0790 | .0656 |
| 2.* | **.0540** | .0440 | .0355 | .0283 | .0224 | **.0175** | .0136 | .0104 | .0079 | .0060 |
| 3.* | **.0044** | .0033 | .0024 | .0017 | .0012 | **.0009** | .0006 | .0004 | .0003 | .0002 |

例 $u = 1.7$ に対しては、1.* の行、7 の列を読み、$\phi(1.7) = .0940$

## 8. 正規分布 $N(\mu, \sigma^2)$ に関する計算

$x$ が平均 $\mu$、標準偏差 $\sigma$(分散 $\sigma^2$)の正規分布 $N(\mu, \sigma^2)$ に従うとき、$u = (x - \mu)/\sigma$ は標準正規分布 $N(0, 1)$ に従う。

$x$ の累積分布関数は
$$F(x) = \Phi((x - \mu)/\sigma)$$
である。また
$$\Pr\{x > U\} = \Pr\left\{u > \frac{U - \mu}{\sigma}\right\}$$
$$\Pr\{x < M\} = \Pr\left\{u < \frac{M - \mu}{\sigma}\right\}$$
$$\Pr\{M < x < U\} = \Pr\left\{\frac{M - \mu}{\sigma} < u < \frac{U - \mu}{\sigma}\right\}$$
$N(\mu, \sigma^2)$ の上側確率 $P$ の点は
$$\mu + K_P \sigma$$
下側確率 $P$ の点は
$$\mu - K_P \sigma$$
両側確率 $\alpha$ の範囲は
$$\mu \pm K_{\frac{\alpha}{2}} \sigma$$
である。

例:$\mu = 23$、$\sigma = 10$ のとき
$\frac{40 - 23}{10} = 1.7$、$\frac{15 - 23}{10} = -0.8$ だから
$\Pr\{x > 40\} = \Pr\{u > 1.7\} = 0.0446$
$\Pr\{x < 15\} = \Pr\{u < -0.8\} = 0.2119$
$\Pr\{15 < x < 40\} = \Pr\{-0.8 < u < 1.7\} = 0.7435$

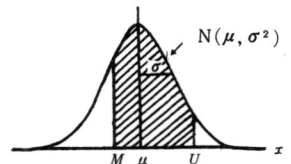

上側5%の点は
　　$23 + 1.645 \times 10 = 39.45$
下側5%の点は
　　$23 - 1.645 \times 10 = 6.55$
両側10%の範囲は
　　$23 \pm 1.645 \times 10 = \begin{cases} 39.45 \\ 6.55 \end{cases}$

## 9. t 表

$t(\phi, P)$

$\begin{pmatrix} \text{自由度} \phi \text{と両側確率} P \\ \text{とから} t \text{を求める表} \end{pmatrix}$

$$P = 2\int_{t}^{\infty} \frac{\Gamma\left(\frac{\phi+1}{2}\right)}{\sqrt{\phi\pi}\,\Gamma\left(\frac{\phi}{2}\right)\left(1+\frac{v^2}{\phi}\right)^{\frac{\phi+1}{2}}} dv$$

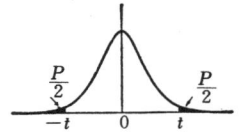

| $P$ \ $\phi$ | 0.50 | 0.40 | 0.30 | 0.20 | 0.10 | **0.05** | 0.02 | **0.01** | 0.001 | $P$ \ $\phi$ |
|---|---|---|---|---|---|---|---|---|---|---|
| 1 | 1.000 | 1.376 | 1.963 | 3.078 | 6.314 | **12.706** | 31.821 | **63.657** | 636.619 | 1 |
| 2 | 0.816 | 1.061 | 1.386 | 1.886 | 2.920 | **4.303** | 6.965 | **9.925** | 31.599 | 2 |
| 3 | 0.765 | 0.978 | 1.250 | 1.638 | 2.353 | **3.182** | 4.541 | **5.841** | 12.924 | 3 |
| 4 | 0.741 | 0.941 | 1.190 | 1.533 | 2.132 | **2.776** | 3.747 | **4.604** | 8.610 | 4 |
| 5 | 0.727 | 0.920 | 1.156 | 1.476 | 2.015 | **2.571** | 3.365 | **4.032** | 6.869 | 5 |
| 6 | 0.718 | 0.906 | 1.134 | 1.440 | 1.943 | **2.447** | 3.143 | **3.707** | 5.959 | 6 |
| 7 | 0.711 | 0.896 | 1.119 | 1.415 | 1.895 | **2.365** | 2.998 | **3.499** | 5.408 | 7 |
| 8 | 0.706 | 0.889 | 1.108 | 1.397 | 1.860 | **2.306** | 2.896 | **3.355** | 5.041 | 8 |
| 9 | 0.703 | 0.883 | 1.100 | 1.383 | 1.833 | **2.262** | 2.821 | **3.250** | 4.781 | 9 |
| 10 | 0.700 | 0.879 | 1.093 | 1.372 | 1.812 | **2.228** | 2.764 | **3.169** | 4.587 | 10 |
| 11 | 0.697 | 0.876 | 1.088 | 1.363 | 1.796 | **2.201** | 2.718 | **3.106** | 4.437 | 11 |
| 12 | 0.695 | 0.873 | 1.083 | 1.356 | 1.782 | **2.179** | 2.681 | **3.055** | 4.318 | 12 |
| 13 | 0.694 | 0.870 | 1.079 | 1.350 | 1.771 | **2.160** | 2.650 | **3.012** | 4.221 | 13 |
| 14 | 0.692 | 0.868 | 1.076 | 1.345 | 1.761 | **2.145** | 2.624 | **2.977** | 4.140 | 14 |
| 15 | 0.691 | 0.866 | 1.074 | 1.341 | 1.753 | **2.131** | 2.602 | **2.947** | 4.073 | 15 |
| 16 | 0.690 | 0.865 | 1.071 | 1.337 | 1.746 | **2.120** | 2.583 | **2.921** | 4.015 | 16 |
| 17 | 0.689 | 0.863 | 1.069 | 1.333 | 1.740 | **2.110** | 2.567 | **2.898** | 3.965 | 17 |
| 18 | 0.688 | 0.862 | 1.067 | 1.330 | 1.734 | **2.101** | 2.552 | **2.878** | 3.922 | 18 |
| 19 | 0.688 | 0.861 | 1.066 | 1.328 | 1.729 | **2.093** | 2.539 | **2.861** | 3.883 | 19 |
| 20 | 0.687 | 0.860 | 1.064 | 1.325 | 1.725 | **2.086** | 2.528 | **2.845** | 3.850 | 20 |
| 21 | 0.686 | 0.859 | 1.063 | 1.323 | 1.721 | **2.080** | 2.518 | **2.831** | 3.819 | 21 |
| 22 | 0.686 | 0.858 | 1.061 | 1.321 | 1.717 | **2.074** | 2.508 | **2.819** | 3.792 | 22 |
| 23 | 0.685 | 0.858 | 1.060 | 1.319 | 1.714 | **2.069** | 2.500 | **2.807** | 3.768 | 23 |
| 24 | 0.685 | 0.857 | 1.059 | 1.318 | 1.711 | **2.064** | 2.492 | **2.797** | 3.745 | 24 |
| 25 | 0.684 | 0.856 | 1.058 | 1.316 | 1.708 | **2.060** | 2.485 | **2.787** | 3.725 | 25 |
| 26 | 0.684 | 0.856 | 1.058 | 1.315 | 1.706 | **2.056** | 2.479 | **2.779** | 3.707 | 26 |
| 27 | 0.684 | 0.855 | 1.057 | 1.314 | 1.703 | **2.052** | 2.473 | **2.771** | 3.690 | 27 |
| 28 | 0.683 | 0.855 | 1.056 | 1.313 | 1.701 | **2.048** | 2.467 | **2.763** | 3.674 | 28 |
| 29 | 0.683 | 0.854 | 1.055 | 1.311 | 1.699 | **2.045** | 2.462 | **2.756** | 3.659 | 29 |
| 30 | 0.683 | 0.854 | 1.055 | 1.310 | 1.697 | **2.042** | 2.457 | **2.750** | 3.646 | 30 |
| 40 | 0.681 | 0.851 | 1.050 | 1.303 | 1.684 | **2.021** | 2.423 | **2.704** | 3.551 | 40 |
| 60 | 0.679 | 0.848 | 1.046 | 1.296 | 1.671 | **2.000** | 2.390 | **2.660** | 3.460 | 60 |
| 120 | 0.677 | 0.845 | 1.041 | 1.289 | 1.658 | **1.980** | 2.358 | **2.617** | 3.373 | 120 |
| ∞ | 0.674 | 0.842 | 1.036 | 1.282 | 1.645 | **1.960** | 2.326 | **2.576** | 3.291 | ∞ |

**例** $\phi = 10$, $P = 0.05$ に対する $t$ の値は, 2.228 である. これは自由度10の $t$ 分布に従う確率変数が 2.228 以上の絶対値をもって出現する確率が 5% であることを示す.

**注1.** $\phi > 30$ に対しては $120/\phi$ を用いる1次補間が便利である. (→ p.18)

**注2.** 表から読んだ値を, $t(\phi, P)$, $t_P(\phi)$, $t_\phi(P)$ などと記すことがある.

**注3.** 出版物によっては, $t(\phi, P)$ の値を上側確率 $P/2$ や, その下側確率 $1-P/2$ で表現しているものもある.

## 10. $t$ 表の使いかた

### (a) 母平均に関する仮説の検定と推定

正規母集団 $N(\mu, \sigma^2)$ からの大きさ $n$ のサンプル $(x_1, x_2, \cdots, x_n)$ にもとづいて $\sigma$ が未知のとき, 仮説 $H_0: \mu = \mu_0$ を対立仮説 $H_1: \mu \neq \mu_0$ に対して検定する.

**手順1** 仮説と有意水準
$H_0: \mu = \mu_0$
$H_1: \mu \neq \mu_0$

有意水準 $\alpha$ を定める.

**手順2** 検定統計量と棄却域
検定統計量として $t$ を用いる.
$$t = \frac{\bar{x} - \mu_0}{\sqrt{V/n}}$$
$H_0$ の棄却域は
$|t| \geq t(\phi, \alpha)$

**手順3** 統計値 $t_0$ の計算

**手順4** 判定
$t_0$ が棄却域に入れば仮説 $H_0$ を棄却する.

**手順5** 推定
母平均 $\mu$ の信頼率 $(1-\alpha)$ の信頼限界は
$$\bar{x} \pm t(n-1, \alpha) \sqrt{\frac{V}{n}}$$

$n = 10$, $\bar{x} = 51 \cdot 8$, $V = 129 \cdot 5$, $\mu_0 = 40 \cdot 0$ のとき

**手順1** $H_0: \mu = \mu_0$
$H_1: \mu \neq \mu_0$
$\alpha = 0 \cdot 05$ とする.

**手順2** 棄却域
$|t_0| \geq t(9, 0 \cdot 05) = 2 \cdot 262$

**手順3** $t_0$ の計算
$$t_0 = \frac{51 \cdot 8 - 40 \cdot 0}{\sqrt{129 \cdot 5/10}} = 3 \cdot 28$$

**手順4** 判定
$|t_0| = 3 \cdot 28 > 2 \cdot 262$
有意水準 $\alpha = 0 \cdot 05$ で $H_0$ を棄却する.

**手順5** 推定
$\mu$ の信頼率 95 % の信頼限界は
$51 \cdot 8 \pm 8 \cdot 14 = \begin{cases} 59 \cdot 9 \\ 43 \cdot 7 \end{cases}$

### (b) 2つの母平均の差に関する検定と推定

**手順1** 仮説と有意水準
仮説 $H_0: \mu_1 = \mu_2$
対立仮説 $H_1: \mu_1 \neq \mu_2$
有意水準 $\alpha$ を定める.

**手順2** 検定統計量と棄却域
検定統計量として $t$ を用いる.
$$t = \frac{\bar{x}_1 - \bar{x}_2}{\sqrt{V\left(\frac{1}{n_1} + \frac{1}{n_2}\right)}}$$
$$V = \frac{S_1 + S_2}{(n_1 - 1) + (n_2 - 1)}$$
$H_0$ の棄却域は
$|t| \geq t(\phi, \alpha)$
ただし, $\phi = n_1 + n_2 - 2$

**手順3** 統計値 $t_0$ の計算

**手順4** 判定
$t_0$ が棄却域に入れば仮説 $H_0$ を棄却する.

**手順5** 推定
$(\mu_1 - \mu_2)$ の信頼率 $(1-\alpha)$ の信頼限界は
$$(\bar{x}_1 - \bar{x}_2) \pm t(\phi, \alpha) \sqrt{V\left(\frac{1}{n_1} + \frac{1}{n_2}\right)}$$

$n_1 = 10$, $\bar{x}_1 = 51 \cdot 8$, $S_1 = 1165 \cdot 6$
$n_2 = 10$, $\bar{x}_2 = 33 \cdot 9$, $S_2 = 452 \cdot 9$
のときは

**手順1** $H_0: \mu_1 = \mu_2$
$H_1: \mu_1 \neq \mu_2$
$\alpha = 0 \cdot 05$ とする.

**手順2** 棄却域
$|t_0| \geq t(18, 0 \cdot 05) = 2 \cdot 101$

**手順3** $t_0$ の計算
$$V = \frac{1165 \cdot 6 + 452 \cdot 9}{9 + 9}$$
$$t_0 = \frac{51 \cdot 8 - 33 \cdot 9}{\sqrt{V\left(\frac{1}{10} + \frac{1}{10}\right)}} = 4 \cdot 22$$

**手順4** 判定
$t_0 = 4 \cdot 22 > 2 \cdot 101$
有意水準 $\alpha = 0 \cdot 05$ で $H_0$ を棄却する.

**手順5** 推定
$(\mu_1 - \mu_2)$ の信頼率 95 % の信頼限界は
$17 \cdot 9 \pm 8 \cdot 91 = \begin{cases} 26 \cdot 8 \\ 9 \cdot 0 \end{cases}$

**注** 母分散が未知で等分散でないと考えられるとき, 統計量 $t_0$ と棄却域は次式で与えられる.

統計値: $t_0 = \dfrac{\bar{x}_1 - \bar{x}_2}{\sqrt{\dfrac{V_1}{n_1} + \dfrac{V_2}{n_2}}}$  棄却域: $|t_0| \geq t(\phi^*, \alpha)$  $\phi^* = \left(\dfrac{V_1}{n_1} + \dfrac{V_2}{n_2}\right)^2 / \left\{ \dfrac{\left(\dfrac{V_1}{n_1}\right)^2}{\phi_1} + \dfrac{\left(\dfrac{V_2}{n_2}\right)^2}{\phi_2} \right\}$

## 11. $\chi^2$ 表

$\chi^2(\phi, P)$

（自由度 $\phi$ と上側確率 $P$ とから $\chi^2$ を求める表）

$$P = \int_{\chi^2}^{\infty} \frac{1}{\Gamma\left(\dfrac{\phi}{2}\right)} e^{-\frac{X}{2}} \left(\frac{X}{2}\right)^{\frac{\phi}{2}-1} \frac{dX}{2}$$

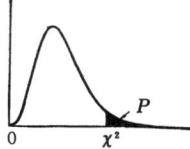

| $\phi$ \ $P$ | ·995 | ·99 | ·975 | ·95 | ·90 | ·75 | ·50 | ·25 | ·10 | **·05** | ·025 | **·01** | ·005 | $\phi$ |
|---|---|---|---|---|---|---|---|---|---|---|---|---|---|---|
| 1 | 0·0⁴393 | 0·0³157 | 0·0³982 | 0·0²393 | 0·0158 | 0·102 | 0·455 | 1·323 | 2·71 | **3·84** | 5·02 | **6·63** | 7·88 | 1 |
| 2 | 0·0100 | 0·0201 | 0·0506 | 0·103 | 0·211 | 0·575 | 1·386 | 2·77 | 4·61 | **5·99** | 7·38 | **9·21** | 10·60 | 2 |
| 3 | 0·0717 | 0·115 | 0·216 | 0·352 | 0·584 | 1·213 | 2·37 | 4·11 | 6·25 | **7·81** | 9·35 | **11·34** | 12·84 | 3 |
| 4 | 0·207 | 0·297 | 0·484 | 0·711 | 1·064 | 1·923 | 3·36 | 5·39 | 7·78 | **9·49** | 11·14 | **13·28** | 14·86 | 4 |
| 5 | 0·412 | 0·554 | 0·831 | 1·145 | 1·610 | 2·67 | 4·35 | 6·63 | 9·24 | **11·07** | 12·83 | **15·09** | 16·75 | 5 |
| 6 | 0·676 | 0·872 | 1·237 | 1·635 | 2·20 | 3·45 | 5·35 | 7·84 | 10·64 | **12·59** | 14·45 | **16·81** | 18·55 | 6 |
| 7 | 0·989 | 1·239 | 1·690 | 2·17 | 2·83 | 4·25 | 6·35 | 9·04 | 12·02 | **14·07** | 16·01 | **18·48** | 20·3 | 7 |
| 8 | 1·344 | 1·646 | 2·18 | 2·73 | 3·49 | 5·07 | 7·34 | 10·22 | 13·36 | **15·51** | 17·53 | **20·1** | 22·0 | 8 |
| 9 | 1·735 | 2·09 | 2·70 | 3·33 | 4·17 | 5·90 | 8·34 | 11·39 | 14·68 | **16·92** | 19·02 | **21·7** | 23·6 | 9 |
| 10 | 2·16 | 2·56 | 3·25 | 3·94 | 4·87 | 6·74 | 9·34 | 12·55 | 15·99 | **18·31** | 20·5 | **23·2** | 25·2 | 10 |
| 11 | 2·60 | 3·05 | 3·82 | 4·57 | 5·58 | 7·58 | 10·34 | 13·70 | 17·28 | **19·68** | 21·9 | **24·7** | 26·8 | 11 |
| 12 | 3·07 | 3·57 | 4·40 | 5·23 | 6·30 | 8·44 | 11·34 | 14·85 | 18·55 | **21·0** | 23·3 | **26·2** | 28·3 | 12 |
| 13 | 3·57 | 4·11 | 5·01 | 5·89 | 7·04 | 9·30 | 12·34 | 15·98 | 19·81 | **22·4** | 24·7 | **27·7** | 29·8 | 13 |
| 14 | 4·07 | 4·66 | 5·63 | 6·57 | 7·79 | 10·17 | 13·34 | 17·12 | 21·1 | **23·7** | 26·1 | **29·1** | 31·3 | 14 |
| 15 | 4·60 | 5·23 | 6·26 | 7·26 | 8·55 | 11·04 | 14·34 | 18·25 | 22·3 | **25·0** | 27·5 | **30·6** | 32·8 | 15 |
| 16 | 5·14 | 5·81 | 6·91 | 7·96 | 9·31 | 11·91 | 15·34 | 19·37 | 23·5 | **26·3** | 28·8 | **32·0** | 34·3 | 16 |
| 17 | 5·70 | 6·41 | 7·56 | 8·67 | 10·09 | 12·79 | 16·34 | 20·5 | 24·8 | **27·6** | 30·2 | **33·4** | 35·7 | 17 |
| 18 | 6·26 | 7·01 | 8·23 | 9·39 | 10·86 | 13·68 | 17·34 | 21·6 | 26·0 | **28·9** | 31·5 | **34·8** | 37·2 | 18 |
| 19 | 6·84 | 7·63 | 8·91 | 10·12 | 11·65 | 14·56 | 18·34 | 22·7 | 27·2 | **30·1** | 32·9 | **36·2** | 38·6 | 19 |
| 20 | 7·43 | 8·26 | 9·59 | 10·85 | 12·44 | 15·45 | 19·34 | 23·8 | 28·4 | **31·4** | 34·2 | **37·6** | 40·0 | 20 |
| 21 | 8·03 | 8·90 | 10·28 | 11·59 | 13·24 | 16·34 | 20·3 | 24·9 | 29·6 | **32·7** | 35·5 | **38·9** | 41·4 | 21 |
| 22 | 8·64 | 9·54 | 10·98 | 12·34 | 14·04 | 17·24 | 21·3 | 26·0 | 30·8 | **33·9** | 36·8 | **40·3** | 42·8 | 22 |
| 23 | 9·26 | 10·20 | 11·69 | 13·09 | 14·85 | 18·14 | 22·3 | 27·1 | 32·0 | **35·2** | 38·1 | **41·6** | 44·2 | 23 |
| 24 | 9·89 | 10·86 | 12·40 | 13·85 | 15·66 | 19·04 | 23·3 | 28·2 | 33·2 | **36·4** | 39·4 | **43·0** | 45·6 | 24 |
| 25 | 10·52 | 11·52 | 13·12 | 14·61 | 16·47 | 19·94 | 24·3 | 29·3 | 34·4 | **37·7** | 40·6 | **44·3** | 46·9 | 25 |
| 26 | 11·16 | 12·20 | 13·84 | 15·38 | 17·29 | 20·8 | 25·3 | 30·4 | 35·6 | **38·9** | 41·9 | **45·6** | 48·3 | 26 |
| 27 | 11·81 | 12·88 | 14·57 | 16·15 | 18·11 | 21·7 | 26·3 | 31·5 | 36·7 | **40·1** | 43·2 | **47·0** | 49·6 | 27 |
| 28 | 12·46 | 13·56 | 15·31 | 16·93 | 18·94 | 22·7 | 27·3 | 32·6 | 37·9 | **41·3** | 44·5 | **48·3** | 51·0 | 28 |
| 29 | 13·12 | 14·26 | 16·05 | 17·71 | 19·77 | 23·6 | 28·3 | 33·7 | 39·1 | **42·6** | 45·7 | **49·6** | 52·3 | 29 |
| 30 | 13·79 | 14·95 | 16·79 | 18·49 | 20·6 | 24·5 | 29·3 | 34·8 | 40·3 | **43·8** | 47·0 | **50·9** | 53·7 | 30 |
| 40 | 20·7 | 22·2 | 24·4 | 26·5 | 29·1 | 33·7 | 39·3 | 45·6 | 51·8 | **55·8** | 59·3 | **63·7** | 66·8 | 40 |
| 50 | 28·0 | 29·7 | 32·4 | 34·8 | 37·7 | 42·9 | 49·3 | 56·3 | 63·2 | **67·5** | 71·4 | **76·2** | 79·5 | 50 |
| 60 | 35·5 | 37·5 | 40·5 | 43·2 | 46·5 | 52·3 | 59·3 | 67·0 | 74·4 | **79·1** | 83·3 | **88·4** | 92·0 | 60 |
| 70 | 43·3 | 45·4 | 48·8 | 51·7 | 55·3 | 61·7 | 69·3 | 77·6 | 85·5 | **90·5** | 95·0 | **100·4** | 104·2 | 70 |
| 80 | 51·2 | 53·5 | 57·2 | 60·4 | 64·3 | 71·1 | 79·3 | 88·1 | 96·6 | **101·9** | 106·6 | **112·3** | 116·3 | 80 |
| 90 | 59·2 | 61·8 | 65·6 | 69·1 | 73·3 | 80·6 | 89·3 | 98·6 | 107·6 | **113·1** | 118·1 | **124·1** | 128·3 | 90 |
| 100 | 67·3 | 70·1 | 74·2 | 77·9 | 82·4 | 90·1 | 99·3 | 109·1 | 118·5 | **124·3** | 129·6 | **135·8** | 140·2 | 100 |
| $y_P$ | −2·58 | −2·33 | −1·96 | −1·64 | −1·28 | −0·674 | 0·000 | 0·674 | 1·282 | **1·645** | 1·960 | **2·33** | 2·58 | $y_P$ |

**注** 表から読んだ値を $\chi^2(\phi, P)$, $\chi^2_P(\phi)$, $\chi^2_\phi(P)$ などと記すことがある.

**例1**. $\phi=10$, $P=0·05$ に対する $\chi^2$ の値は 18·31 である. これは自由度 10 のカイ二乗分布に従う確率変数が 18·31 以上の値をとる確率が 5 ％ であることを示す.

**例2**. $\phi=54$, $P=0·01$ に対する $\chi^2$ の値は, $\phi=60$ に対する値と $\phi=50$ に対する値とを用いて, $88·4 \times 0·4 + 76·2 \times 0·6 = 81·1$ として求める.

**例3**. $\phi=145$, $P=0·05$ に対する $\chi^2$ の値は, Fisher の近似式を用いて, $\frac{1}{2}(y_P + \sqrt{2\phi-1})^2 = \frac{1}{2}(1·645 + \sqrt{289})^2 = 173·8$ として求める. ($y_P$ は表の下端にある.)

## 12. $\chi^2$ 表の使いかた

### (a) 母分散に関する仮説の検定

母集団 $N(\mu, \sigma^2)$ からのサンプル $(x_1, x_2, \cdots, x_n)$ にもとづいて，仮説 $H_0: \sigma^2 = \sigma_0^2$ を対立仮説 $H_1: \sigma^2 > \sigma_0^2$ に対して検定する.

**手順1** 仮説と有意水準
$H_0: \sigma^2 = \sigma_0^2$
$H_1: \sigma^2 > \sigma_0^2$
有意水準 $\alpha$ を定める.

**手順2** 検定統計量と棄却域
検定統計量として $\chi_0^2$ を用いる.
$$\chi_0^2 = \frac{S}{\sigma_0^2}$$
$H_0$ の棄却域は
$$\chi_0^2 \geq \chi^2(\phi, \alpha)$$

**手順3** 統計量 $\chi_0^2$ の計算

**手順4** 判定
$\chi_0^2$ が棄却域に入れば仮説 $H_0$ を棄却する.

$n=10$, $S=1165 \cdot 6$ これによって母分散 $\sigma^2$ が $5^2$ より大きいか検定する.

**手順1** $H_0: \sigma^2 = \sigma_0^2$
$H_1: \sigma^2 > \sigma_0^2$
$\alpha = 0 \cdot 05$

**手順2** 棄却域
$\chi_0^2 \geq \chi^2(9, 0 \cdot 05) = 16 \cdot 92$

**手順3** $\chi_0^2$ の計算
$$\chi_0^2 = \frac{1165 \cdot 5}{5^2} = 46 \cdot 6$$

**手順4** 判定
$\chi_0^2 = 46.6 > 16 \cdot 92$
有意水準 $\alpha = 0 \cdot 05$ で仮説 $H_0$ を棄却する.

### (b) 分散の信頼限界

$\sigma^2$ に対する信頼限界は次のように作られる.
$$\frac{S}{\chi^2(n-1, \alpha)}, \quad \frac{S}{\chi^2(n-1, 1-\alpha)}$$
（信頼率 $1-2\alpha$）.

$n=25$, $S=9706$ のとき
$\chi^2(24, 0 \cdot 05) = 36 \cdot 4$, $\chi^2(24, 0 \cdot 95) = 13 \cdot 85$,
$9706/36 \cdot 4 = 267$, $9706/13 \cdot 85 = 701$
$\sigma^2$ の信頼限界は 267, 701（信頼率 90%）.

### (c) カイ二乗検定（適合度の検定）

一般に"カイ二乗"の定義は
$$\chi_0^2 = \sum \frac{(観測度数 - 期待度数)^2}{期待度数}$$

である. これを $\chi^2(k-p, \alpha)$ と比べて，$\chi_0^2$ の方が大きければ適合は不良，小さければ適合は良いと判定する. ここに $k$ は級の数, $p$ は期待度数を計算するためにデータから推定した独立な母数の数である.
〔右の例では $p=1$, $m \times n$ の分割表では $p=m+n-1$ となる.〕 そして $\alpha$ は有意水準で，ふつうは 5% または 1% にとる.

コンプレッサーの事故の数の一様性

| No. | 事故の数 | 期待度数 | 偏差 | (偏差)²/期待度数 |
|---|---|---|---|---|
| 1 | 45 | 40 | 5 | ·625 |
| 2 | 30 | 40 | −10 | 2·500 |
| 3 | 35 | 40 | − 5 | ·625 |
| 4 | 50 | 40 | 10 | 2·500 |
| 計 | 160 | 160 | 0 | $\chi_0^2 = 6 \cdot 250$ |

$\chi^2(3, 0 \cdot 05) = 7 \cdot 81$, $\chi_0^2 = 6 \cdot 250 < 7 \cdot 81$
コンプレッサー間に事故の数のちがいがあるとはいえない.（有意水準 5%）

### (d) ポアソン分布の部分和

$\phi = 2c$, $\chi^2(\phi, P) = 2m$ とすると
$$\sum_{x=c}^{\infty} e^{-m} \frac{m^x}{x!} = 1-P$$
$$\sum_{x=0}^{c-1} e^{-m} \frac{m^x}{x!} = P$$
が成り立つ.

$\chi^2(20, 0 \cdot 95) = 10 \cdot 85$ であるから
$m = 5 \cdot 42$ のとき $\sum_{x=10}^{\infty} e^{-m} \frac{m^x}{x!} = 0 \cdot 05$

また $\chi^2(20, 0 \cdot 05) = 31 \cdot 4$ であるから
$m = 15 \cdot 7$ のとき $\sum_{x=0}^{9} e^{-m} \frac{m^x}{x!} = 0 \cdot 05$

## 13. F 表 (5%, 1%)

$$P = \int_F^\infty \frac{\phi_1^{\frac{\phi_1}{2}} \phi_2^{\frac{\phi_2}{2}} X^{\frac{\phi_1}{2}-1}}{B\left(\frac{\phi_1}{2}, \frac{\phi_2}{2}\right)(\phi_1 X + \phi_2)^{\frac{\phi_1+\phi_2}{2}}} dX$$

$F(\phi_1, \phi_2; P)$  $P = \begin{cases} 0.05 \cdots \text{細字} \\ 0.01 \cdots \textbf{太字} \end{cases}$

(分子の自由度 $\phi_1$, 分母の自由度 $\phi_2$ から, 上側確率 5%および1%に対する $F$ の値を求める表(細字は5%, 太字は1%))

| $\phi_2$ \ $\phi_1$ | 1 | 2 | 3 | 4 | 5 | 6 | 7 | 8 | 9 | 10 | 12 | 15 | 20 | 24 | 30 | 40 | 60 | 120 | ∞ |
|---|---|---|---|---|---|---|---|---|---|---|---|---|---|---|---|---|---|---|---|
| 1 | 161.<br>**4052.** | 200.<br>**5000.** | 216.<br>**5403.** | 225.<br>**5625.** | 230.<br>**5764.** | 234.<br>**5859.** | 237.<br>**5928.** | 239.<br>**5981.** | 241.<br>**6022.** | 242.<br>**6056.** | 244.<br>**6106.** | 246.<br>**6157.** | 248.<br>**6209.** | 249.<br>**6235.** | 250.<br>**6261.** | 251.<br>**6287.** | 252.<br>**6313.** | 253.<br>**6339.** | 254.<br>**6366.** |
| 2 | 18.5<br>**98.5** | 19.0<br>**99.0** | 19.2<br>**99.2** | 19.2<br>**99.2** | 19.3<br>**99.3** | 19.3<br>**99.3** | 19.4<br>**99.4** | 19.4<br>**99.4** | 19.4<br>**99.4** | 19.4<br>**99.4** | 19.4<br>**99.4** | 19.4<br>**99.4** | 19.4<br>**99.4** | 19.5<br>**99.5** | 19.5<br>**99.5** | 19.5<br>**99.5** | 19.5<br>**99.5** | 19.5<br>**99.5** | 19.5<br>**99.5** |
| 3 | 10.1<br>**34.1** | 9.55<br>**30.8** | 9.28<br>**29.5** | 9.12<br>**28.7** | 9.01<br>**28.2** | 8.94<br>**27.9** | 8.89<br>**27.7** | 8.85<br>**27.5** | 8.81<br>**27.3** | 8.79<br>**27.2** | 8.74<br>**27.1** | 8.70<br>**26.9** | 8.66<br>**26.7** | 8.64<br>**26.6** | 8.62<br>**26.5** | 8.59<br>**26.4** | 8.57<br>**26.3** | 8.55<br>**26.2** | 8.53<br>**26.1** |
| 4 | 7.71<br>**21.2** | 6.94<br>**18.0** | 6.59<br>**16.7** | 6.39<br>**16.0** | 6.26<br>**15.5** | 6.16<br>**15.2** | 6.09<br>**15.0** | 6.04<br>**14.8** | 6.00<br>**14.7** | 5.96<br>**14.5** | 5.91<br>**14.4** | 5.86<br>**14.2** | 5.80<br>**14.0** | 5.77<br>**13.9** | 5.75<br>**13.8** | 5.72<br>**13.7** | 5.69<br>**13.7** | 5.66<br>**13.6** | 5.63<br>**13.5** |
| 5 | 6.61<br>**16.3** | 5.79<br>**13.3** | 5.41<br>**12.1** | 5.19<br>**11.4** | 5.05<br>**11.0** | 4.95<br>**10.7** | 4.88<br>**10.5** | 4.82<br>**10.3** | 4.77<br>**10.2** | 4.74<br>**10.1** | 4.68<br>**9.89** | 4.62<br>**9.72** | 4.56<br>**9.55** | 4.53<br>**9.47** | 4.50<br>**9.38** | 4.46<br>**9.29** | 4.43<br>**9.20** | 4.40<br>**9.11** | 4.36<br>**9.02** |
| 6 | 5.99<br>**13.7** | 5.14<br>**10.9** | 4.76<br>**9.78** | 4.53<br>**9.15** | 4.39<br>**8.75** | 4.28<br>**8.47** | 4.21<br>**8.26** | 4.15<br>**8.10** | 4.10<br>**7.98** | 4.06<br>**7.87** | 4.00<br>**7.72** | 3.94<br>**7.56** | 3.87<br>**7.40** | 3.84<br>**7.31** | 3.81<br>**7.23** | 3.77<br>**7.14** | 3.74<br>**7.06** | 3.70<br>**6.97** | 3.67<br>**6.88** |
| 7 | 5.59<br>**12.2** | 4.74<br>**9.55** | 4.35<br>**8.45** | 4.12<br>**7.85** | 3.97<br>**7.46** | 3.87<br>**7.19** | 3.79<br>**6.99** | 3.73<br>**6.84** | 3.68<br>**6.72** | 3.64<br>**6.62** | 3.57<br>**6.47** | 3.51<br>**6.31** | 3.44<br>**6.16** | 3.41<br>**6.07** | 3.38<br>**5.99** | 3.34<br>**5.91** | 3.30<br>**5.82** | 3.27<br>**5.74** | 3.23<br>**5.65** |
| 8 | 5.32<br>**11.3** | 4.46<br>**8.65** | 4.07<br>**7.59** | 3.84<br>**7.01** | 3.69<br>**6.63** | 3.58<br>**6.37** | 3.50<br>**6.18** | 3.44<br>**6.03** | 3.39<br>**5.91** | 3.35<br>**5.81** | 3.28<br>**5.67** | 3.22<br>**5.52** | 3.15<br>**5.36** | 3.12<br>**5.28** | 3.08<br>**5.20** | 3.04<br>**5.12** | 3.01<br>**5.03** | 2.97<br>**4.95** | 2.93<br>**4.86** |
| 9 | 5.12<br>**10.6** | 4.26<br>**8.02** | 3.86<br>**6.99** | 3.63<br>**6.42** | 3.48<br>**6.06** | 3.37<br>**5.80** | 3.29<br>**5.61** | 3.23<br>**5.47** | 3.18<br>**5.35** | 3.14<br>**5.26** | 3.07<br>**5.11** | 3.01<br>**4.96** | 2.94<br>**4.81** | 2.90<br>**4.73** | 2.86<br>**4.65** | 2.83<br>**4.57** | 2.79<br>**4.48** | 2.75<br>**4.40** | 2.71<br>**4.31** |
| 10 | 4.96<br>**10.0** | 4.10<br>**7.56** | 3.71<br>**6.55** | 3.48<br>**5.99** | 3.33<br>**5.64** | 3.22<br>**5.39** | 3.14<br>**5.20** | 3.07<br>**5.06** | 3.02<br>**4.94** | 2.98<br>**4.85** | 2.91<br>**4.71** | 2.85<br>**4.56** | 2.77<br>**4.41** | 2.74<br>**4.33** | 2.70<br>**4.25** | 2.66<br>**4.17** | 2.62<br>**4.08** | 2.58<br>**4.00** | 2.54<br>**3.91** |
| 11 | 4.84<br>**9.65** | 3.98<br>**7.21** | 3.59<br>**6.22** | 3.36<br>**5.67** | 3.20<br>**5.32** | 3.09<br>**5.07** | 3.01<br>**4.89** | 2.95<br>**4.74** | 2.90<br>**4.63** | 2.85<br>**4.54** | 2.79<br>**4.40** | 2.72<br>**4.25** | 2.65<br>**4.10** | 2.61<br>**4.02** | 2.57<br>**3.94** | 2.53<br>**3.86** | 2.49<br>**3.78** | 2.45<br>**3.69** | 2.40<br>**3.60** |
| 12 | 4.75<br>**9.33** | 3.89<br>**6.93** | 3.49<br>**5.95** | 3.26<br>**5.41** | 3.11<br>**5.06** | 3.00<br>**4.82** | 2.91<br>**4.64** | 2.85<br>**4.50** | 2.80<br>**4.39** | 2.75<br>**4.30** | 2.69<br>**4.16** | 2.62<br>**4.01** | 2.54<br>**3.86** | 2.51<br>**3.78** | 2.47<br>**3.70** | 2.43<br>**3.62** | 2.38<br>**3.54** | 2.34<br>**3.45** | 2.30<br>**3.36** |
| 13 | 4.67<br>**9.07** | 3.81<br>**6.70** | 3.41<br>**5.74** | 3.18<br>**5.21** | 3.03<br>**4.86** | 2.92<br>**4.62** | 2.83<br>**4.44** | 2.77<br>**4.30** | 2.71<br>**4.19** | 2.67<br>**4.10** | 2.60<br>**3.96** | 2.53<br>**3.82** | 2.46<br>**3.66** | 2.42<br>**3.59** | 2.38<br>**3.51** | 2.34<br>**3.43** | 2.30<br>**3.34** | 2.25<br>**3.25** | 2.21<br>**3.17** |
| 14 | 4.60<br>**8.86** | 3.74<br>**6.51** | 3.34<br>**5.56** | 3.11<br>**5.04** | 2.96<br>**4.69** | 2.85<br>**4.46** | 2.76<br>**4.28** | 2.70<br>**4.14** | 2.65<br>**4.03** | 2.60<br>**3.94** | 2.53<br>**3.80** | 2.46<br>**3.66** | 2.39<br>**3.51** | 2.35<br>**3.43** | 2.31<br>**3.35** | 2.27<br>**3.27** | 2.22<br>**3.18** | 2.18<br>**3.09** | 2.13<br>**3.00** |
| 15 | 4.54<br>**8.68** | 3.68<br>**6.36** | 3.29<br>**5.42** | 3.06<br>**4.89** | 2.90<br>**4.56** | 2.79<br>**4.32** | 2.71<br>**4.14** | 2.64<br>**4.00** | 2.59<br>**3.89** | 2.54<br>**3.80** | 2.48<br>**3.67** | 2.40<br>**3.52** | 2.33<br>**3.37** | 2.29<br>**3.29** | 2.25<br>**3.21** | 2.20<br>**3.13** | 2.16<br>**3.05** | 2.11<br>**2.96** | 2.07<br>**2.87** |

| $\phi_2$ \ $\phi_1$ | 1 | 2 | 3 | 4 | 5 | 6 | 7 | 8 | 9 | 10 | 12 | 15 | 20 | 24 | 30 | 40 | 60 | 120 | ∞ | |
|---|---|---|---|---|---|---|---|---|---|---|---|---|---|---|---|---|---|---|---|---|
| 16 | 4·49 8·53 | 3·63 6·23 | 3·24 5·29 | 3·01 4·77 | 2·85 4·44 | 2·74 4·20 | 2·66 4·03 | 2·59 3·89 | 2·54 3·78 | 2·49 3·69 | 2·42 3·55 | 2·35 3·41 | 2·28 3·26 | 2·24 3·18 | 2·19 3·10 | 2·15 3·02 | 2·11 2·93 | 2·06 2·84 | 2·01 2·75 | 16 |
| 17 | 4·45 8·40 | 3·59 6·11 | 3·20 5·18 | 2·96 4·67 | 2·81 4·34 | 2·70 4·10 | 2·61 3·93 | 2·55 3·79 | 2·49 3·68 | 2·45 3·59 | 2·38 3·46 | 2·31 3·31 | 2·23 3·16 | 2·19 3·08 | 2·15 3·00 | 2·10 2·92 | 2·06 2·83 | 2·01 2·75 | 1·96 2·65 | 17 |
| 18 | 4·41 8·29 | 3·55 6·01 | 3·16 5·09 | 2·93 4·58 | 2·77 4·25 | 2·66 4·01 | 2·58 3·84 | 2·51 3·71 | 2·46 3·60 | 2·41 3·51 | 2·34 3·37 | 2·27 3·23 | 2·19 3·08 | 2·15 3·00 | 2·11 2·92 | 2·06 2·84 | 2·02 2·75 | 1·97 2·66 | 1·92 2·57 | 18 |
| 19 | 4·38 8·18 | 3·52 5·93 | 3·13 5·01 | 2·90 4·50 | 2·74 4·17 | 2·63 3·94 | 2·54 3·77 | 2·48 3·63 | 2·42 3·52 | 2·38 3·43 | 2·31 3·30 | 2·23 3·15 | 2·16 3·00 | 2·11 2·92 | 2·07 2·84 | 2·03 2·76 | 1·98 2·67 | 1·93 2·58 | 1·88 2·49 | 19 |
| 20 | 4·35 8·10 | 3·49 5·85 | 3·10 4·94 | 2·87 4·43 | 2·71 4·10 | 2·60 3·87 | 2·51 3·70 | 2·45 3·56 | 2·39 3·46 | 2·35 3·37 | 2·28 3·23 | 2·20 3·09 | 2·12 2·94 | 2·08 2·86 | 2·04 2·78 | 1·99 2·69 | 1·95 2·61 | 1·90 2·52 | 1·84 2·42 | 20 |
| 21 | 4·32 8·02 | 3·47 5·78 | 3·07 4·87 | 2·84 4·37 | 2·68 4·04 | 2·57 3·81 | 2·49 3·64 | 2·42 3·51 | 2·37 3·40 | 2·32 3·31 | 2·25 3·17 | 2·18 3·03 | 2·10 2·88 | 2·05 2·80 | 2·01 2·72 | 1·96 2·64 | 1·92 2·55 | 1·87 2·46 | 1·81 2·36 | 21 |
| 22 | 4·30 7·95 | 3·44 5·72 | 3·05 4·82 | 2·82 4·31 | 2·66 3·99 | 2·55 3·76 | 2·46 3·59 | 2·40 3·45 | 2·34 3·35 | 2·30 3·26 | 2·23 3·12 | 2·15 2·98 | 2·07 2·83 | 2·03 2·75 | 1·98 2·67 | 1·94 2·58 | 1·89 2·50 | 1·84 2·40 | 1·78 2·31 | 22 |
| 23 | 4·28 7·88 | 3·42 5·66 | 3·03 4·76 | 2·80 4·26 | 2·64 3·94 | 2·53 3·71 | 2·44 3·54 | 2·37 3·41 | 2·32 3·30 | 2·27 3·21 | 2·20 3·07 | 2·13 2·93 | 2·05 2·78 | 2·01 2·70 | 1·96 2·62 | 1·91 2·54 | 1·86 2·45 | 1·81 2·35 | 1·76 2·26 | 23 |
| 24 | 4·26 7·82 | 3·40 5·61 | 3·01 4·72 | 2·78 4·22 | 2·62 3·90 | 2·51 3·67 | 2·42 3·50 | 2·36 3·36 | 2·30 3·26 | 2·25 3·17 | 2·18 3·03 | 2·11 2·89 | 2·03 2·74 | 1·98 2·66 | 1·94 2·58 | 1·89 2·49 | 1·84 2·40 | 1·79 2·31 | 1·73 2·21 | 24 |
| 25 | 4·24 7·77 | 3·39 5·57 | 2·99 4·68 | 2·76 4·18 | 2·60 3·85 | 2·49 3·63 | 2·40 3·46 | 2·34 3·32 | 2·28 3·22 | 2·24 3·13 | 2·16 2·99 | 2·09 2·85 | 2·01 2·70 | 1·96 2·62 | 1·92 2·54 | 1·87 2·45 | 1·82 2·36 | 1·77 2·27 | 1·71 2·17 | 25 |
| 26 | 4·23 7·72 | 3·37 5·53 | 2·98 4·64 | 2·74 4·14 | 2·59 3·82 | 2·47 3·59 | 2·39 3·42 | 2·32 3·29 | 2·27 3·18 | 2·22 3·09 | 2·15 2·96 | 2·07 2·81 | 1·99 2·66 | 1·95 2·58 | 1·90 2·50 | 1·85 2·42 | 1·80 2·33 | 1·75 2·23 | 1·69 2·13 | 26 |
| 27 | 4·21 7·68 | 3·35 5·49 | 2·96 4·60 | 2·73 4·11 | 2·57 3·78 | 2·46 3·56 | 2·37 3·39 | 2·31 3·26 | 2·25 3·15 | 2·20 3·06 | 2·13 2·93 | 2·06 2·78 | 1·97 2·63 | 1·93 2·55 | 1·88 2·47 | 1·84 2·38 | 1·79 2·29 | 1·73 2·20 | 1·67 2·10 | 27 |
| 28 | 4·20 7·64 | 3·34 5·45 | 2·95 4·57 | 2·71 4·07 | 2·56 3·75 | 2·45 3·53 | 2·36 3·36 | 2·29 3·23 | 2·24 3·12 | 2·19 3·03 | 2·12 2·90 | 2·04 2·75 | 1·96 2·60 | 1·91 2·52 | 1·87 2·44 | 1·82 2·35 | 1·77 2·26 | 1·71 2·17 | 1·65 2·06 | 28 |
| 29 | 4·18 7·60 | 3·33 5·42 | 2·93 4·54 | 2·70 4·04 | 2·55 3·73 | 2·43 3·50 | 2·35 3·33 | 2·28 3·20 | 2·22 3·09 | 2·18 3·00 | 2·10 2·87 | 2·03 2·73 | 1·94 2·57 | 1·90 2·49 | 1·85 2·41 | 1·81 2·33 | 1·75 2·23 | 1·70 2·14 | 1·64 2·03 | 29 |
| 30 | 4·17 7·56 | 3·32 5·39 | 2·92 4·51 | 2·69 4·02 | 2·53 3·70 | 2·42 3·47 | 2·33 3·30 | 2·27 3·17 | 2·21 3·07 | 2·16 2·98 | 2·09 2·84 | 2·01 2·70 | 1·93 2·55 | 1·89 2·47 | 1·84 2·39 | 1·79 2·30 | 1·74 2·21 | 1·68 2·11 | 1·62 2·01 | 30 |
| 40 | 4·08 7·31 | 3·23 5·18 | 2·84 4·31 | 2·61 3·83 | 2·45 3·51 | 2·34 3·29 | 2·25 3·12 | 2·18 2·99 | 2·12 2·89 | 2·08 2·80 | 2·00 2·66 | 1·92 2·52 | 1·84 2·37 | 1·79 2·29 | 1·74 2·20 | 1·69 2·11 | 1·64 2·02 | 1·58 1·92 | 1·51 1·80 | 40 |
| 60 | 4·00 7·08 | 3·15 4·98 | 2·76 4·13 | 2·53 3·65 | 2·37 3·34 | 2·25 3·12 | 2·17 2·95 | 2·10 2·82 | 2·04 2·72 | 1·99 2·63 | 1·92 2·50 | 1·84 2·35 | 1·75 2·20 | 1·70 2·12 | 1·65 2·03 | 1·59 1·94 | 1·53 1·84 | 1·47 1·73 | 1·39 1·60 | 60 |
| 120 | 3·92 6·85 | 3·07 4·79 | 2·68 3·95 | 2·45 3·48 | 2·29 3·17 | 2·18 2·96 | 2·09 2·79 | 2·02 2·66 | 1·96 2·56 | 1·91 2·47 | 1·83 2·34 | 1·75 2·19 | 1·66 2·03 | 1·61 1·95 | 1·55 1·86 | 1·50 1·76 | 1·43 1·66 | 1·35 1·53 | 1·25 1·38 | 120 |
| ∞ | 3·84 6·63 | 3·00 4·61 | 2·60 3·78 | 2·37 3·32 | 2·21 3·02 | 2·10 2·80 | 2·01 2·64 | 1·94 2·51 | 1·88 2·41 | 1·83 2·32 | 1·75 2·18 | 1·67 2·04 | 1·57 1·88 | 1·52 1·79 | 1·46 1·70 | 1·39 1·59 | 1·32 1·47 | 1·22 1·32 | 1·00 1·00 | ∞ |
| $\phi_2$ \ $\phi_1$ | 1 | 2 | 3 | 4 | 5 | 6 | 7 | 8 | 9 | 10 | 12 | 15 | 20 | 24 | 30 | 40 | 60 | 120 | ∞ | |

**例1.** 自由度 $\phi_1=5$, $\phi_2=10$ の $F$ 分布の（上側）5％の点は 3·33, 1％の点は 5·64 である。

**例2.** 自由度 (5, 10) の $F$ 分布の下側 5％の点を求めるには $\phi_1=10$, $\phi_2=5$ に対して表を読んで 4·74 を得，その逆数をとって 1/4·74 とする。

**注** 自由度の大きいところでの補間は 120/$\phi$ を用いる 1 次補間による（→p.18）．

## 14. F 表 (0・5%)

$$F(\phi_1, \phi_2; 0.005)$$

(分子の自由度 $\phi_1$, 分母の自由度 $\phi_2$ の F 分布の上側 0・5% の点を求める表)

| $\phi_2$＼$\phi_1$ | 1 | 2 | 3 | 4 | 5 | 6 | 7 | 8 | 9 | 10 | 12 | 15 | 20 | 24 | 30 | 40 | 60 | 120 | ∞ |
|---|---|---|---|---|---|---|---|---|---|---|---|---|---|---|---|---|---|---|---|
| 1 | 199. | 199. | 199. | 199. | 199. | 199. | 199. | 199. | 199. | 199. | 199. | 199. | 199. | 199. | 199. | 199. | 199. | 199. | 199. |
| 2 | 55.6 | 49.8 | 47.5 | 46.2 | 45.4 | 44.8 | 44.4 | 44.1 | 43.9 | 43.7 | 43.4 | 43.1 | 42.8 | 42.6 | 42.5 | 42.3 | 42.1 | 42.0 | 41.8 |
| 3 | 31.3 | 26.3 | 24.3 | 23.2 | 22.5 | 22.0 | 21.6 | 21.4 | 21.1 | 21.0 | 20.7 | 20.4 | 20.2 | 20.0 | 19.9 | 19.8 | 19.6 | 19.5 | 19.3 |
| 4 | 22.8 | 18.3 | 16.5 | 15.6 | 14.9 | 14.5 | 14.2 | 14.0 | 13.8 | 13.6 | 13.4 | 13.1 | 12.9 | 12.8 | 12.7 | 12.5 | 12.4 | 12.3 | 12.1 |
| 5 | 18.6 | 14.5 | 12.9 | 12.0 | 11.5 | 11.1 | 10.8 | 10.6 | 10.4 | 10.3 | 10.0 | 9.81 | 9.59 | 9.47 | 9.36 | 9.24 | 9.12 | 9.00 | 8.88 |
| 6 | 16.2 | 12.4 | 10.9 | 10.1 | 9.52 | 9.16 | 8.89 | 8.68 | 8.51 | 8.38 | 8.18 | 7.97 | 7.75 | 7.64 | 7.53 | 7.42 | 7.31 | 7.19 | 7.08 |
| 7 | 14.7 | 11.0 | 9.60 | 8.81 | 8.30 | 7.95 | 7.69 | 7.50 | 7.34 | 7.21 | 7.01 | 6.81 | 6.61 | 6.50 | 6.40 | 6.29 | 6.18 | 6.06 | 5.95 |
| 8 | 13.6 | 10.1 | 8.72 | 7.96 | 7.47 | 7.13 | 6.88 | 6.69 | 6.54 | 6.42 | 6.23 | 6.03 | 5.83 | 5.73 | 5.62 | 5.52 | 5.41 | 5.30 | 5.19 |
| 9 | 12.8 | 9.43 | 8.08 | 7.34 | 6.87 | 6.54 | 6.30 | 6.12 | 5.97 | 5.85 | 5.66 | 5.47 | 5.27 | 5.17 | 5.07 | 4.97 | 4.86 | 4.75 | 4.64 |
| 10 | 12.2 | 8.91 | 7.60 | 6.88 | 6.42 | 6.10 | 5.86 | 5.68 | 5.54 | 5.42 | 5.24 | 5.05 | 4.86 | 4.76 | 4.65 | 4.55 | 4.44 | 4.34 | 4.23 |
| 11 | 11.8 | 8.51 | 7.23 | 6.52 | 6.07 | 5.76 | 5.52 | 5.35 | 5.20 | 5.09 | 4.91 | 4.72 | 4.53 | 4.43 | 4.33 | 4.23 | 4.12 | 4.01 | 3.90 |
| 12 | 11.4 | 8.19 | 6.93 | 6.23 | 5.79 | 5.48 | 5.25 | 5.08 | 4.94 | 4.82 | 4.64 | 4.46 | 4.27 | 4.17 | 4.07 | 3.97 | 3.87 | 3.76 | 3.65 |
| 13 | 11.1 | 7.92 | 6.68 | 6.00 | 5.56 | 5.26 | 5.03 | 4.86 | 4.72 | 4.60 | 4.43 | 4.25 | 4.06 | 3.96 | 3.86 | 3.76 | 3.66 | 3.55 | 3.44 |
| 14 | 10.8 | 7.70 | 6.48 | 5.80 | 5.37 | 5.07 | 4.85 | 4.67 | 4.54 | 4.42 | 4.25 | 4.07 | 3.88 | 3.79 | 3.69 | 3.58 | 3.48 | 3.37 | 3.26 |
| 15 | 10.8 | 7.51 | 6.30 | 5.64 | 5.21 | 4.91 | 4.69 | 4.52 | 4.38 | 4.27 | 4.10 | 3.92 | 3.73 | 3.64 | 3.54 | 3.44 | 3.33 | 3.22 | 3.11 |
| 16 | 10.4 | 7.35 | 6.16 | 5.50 | 5.07 | 4.78 | 4.56 | 4.39 | 4.25 | 4.14 | 3.97 | 3.79 | 3.61 | 3.51 | 3.41 | 3.31 | 3.21 | 3.10 | 2.98 |
| 17 | 10.2 | 7.21 | 6.03 | 5.37 | 4.96 | 4.66 | 4.44 | 4.28 | 4.14 | 4.03 | 3.86 | 3.68 | 3.50 | 3.40 | 3.30 | 3.20 | 3.10 | 2.99 | 2.87 |
| 18 | 10.1 | 7.09 | 5.92 | 5.27 | 4.85 | 4.56 | 4.34 | 4.18 | 4.04 | 3.93 | 3.76 | 3.59 | 3.40 | 3.31 | 3.21 | 3.11 | 3.00 | 2.89 | 2.78 |
| 19 | 9.94 | 6.99 | 5.82 | 5.17 | 4.76 | 4.47 | 4.26 | 4.09 | 3.96 | 3.85 | 3.68 | 3.50 | 3.32 | 3.22 | 3.12 | 3.02 | 2.92 | 2.81 | 2.69 |
| 20 | 9.83 | 6.89 | 5.73 | 5.09 | 4.68 | 4.39 | 4.18 | 4.01 | 3.88 | 3.77 | 3.60 | 3.43 | 3.24 | 3.15 | 3.05 | 2.95 | 2.84 | 2.73 | 2.61 |
| 21 | 9.73 | 6.81 | 5.65 | 5.02 | 4.61 | 4.32 | 4.11 | 3.94 | 3.81 | 3.70 | 3.54 | 3.36 | 3.18 | 3.08 | 2.98 | 2.88 | 2.77 | 2.66 | 2.55 |
| 22 | 9.63 | 6.73 | 5.58 | 4.95 | 4.54 | 4.26 | 4.05 | 3.88 | 3.75 | 3.64 | 3.47 | 3.30 | 3.12 | 3.02 | 2.92 | 2.82 | 2.71 | 2.60 | 2.48 |
| 23 | 9.55 | 6.66 | 5.52 | 4.89 | 4.49 | 4.20 | 3.99 | 3.83 | 3.69 | 3.59 | 3.42 | 3.25 | 3.06 | 2.97 | 2.87 | 2.77 | 2.66 | 2.55 | 2.43 |
| 24 | 9.48 | 6.60 | 5.46 | 4.84 | 4.43 | 4.15 | 3.94 | 3.78 | 3.64 | 3.54 | 3.37 | 3.20 | 3.01 | 2.92 | 2.82 | 2.72 | 2.61 | 2.50 | 2.38 |
| 25 | 9.41 | 6.54 | 5.41 | 4.79 | 4.38 | 4.10 | 3.89 | 3.73 | 3.60 | 3.49 | 3.33 | 3.15 | 2.97 | 2.87 | 2.77 | 2.67 | 2.56 | 2.45 | 2.33 |
| 26 | 9.34 | 6.49 | 5.36 | 4.74 | 4.34 | 4.06 | 3.85 | 3.69 | 3.56 | 3.45 | 3.28 | 3.11 | 2.93 | 2.83 | 2.73 | 2.63 | 2.52 | 2.41 | 2.29 |
| 27 | 9.28 | 6.44 | 5.32 | 4.70 | 4.30 | 4.02 | 3.81 | 3.65 | 3.52 | 3.41 | 3.25 | 3.07 | 2.89 | 2.79 | 2.69 | 2.59 | 2.48 | 2.37 | 2.25 |
| 28 | 9.23 | 6.40 | 5.28 | 4.66 | 4.26 | 3.98 | 3.77 | 3.61 | 3.48 | 3.38 | 3.21 | 3.04 | 2.86 | 2.76 | 2.66 | 2.56 | 2.45 | 2.33 | 2.21 |
| 29 | 9.18 | 6.35 | 5.24 | 4.62 | 4.23 | 3.95 | 3.74 | 3.58 | 3.45 | 3.34 | 3.18 | 3.01 | 2.82 | 2.73 | 2.63 | 2.52 | 2.42 | 2.30 | 2.18 |
| 30 | 9.18 | 6.35 | 5.24 | 4.62 | 4.23 | 3.95 | 3.74 | 3.58 | 3.45 | 3.34 | 3.18 | 3.01 | 2.82 | 2.73 | 2.63 | 2.52 | 2.42 | 2.30 | 2.18 |
| 40 | 8.83 | 6.07 | 4.98 | 4.37 | 3.99 | 3.71 | 3.51 | 3.35 | 3.22 | 3.12 | 2.95 | 2.78 | 2.60 | 2.50 | 2.40 | 2.30 | 2.18 | 2.06 | 1.93 |
| 60 | 8.49 | 5.79 | 4.73 | 4.14 | 3.76 | 3.49 | 3.29 | 3.13 | 3.01 | 2.90 | 2.74 | 2.57 | 2.39 | 2.29 | 2.19 | 2.08 | 1.96 | 1.83 | 1.69 |
| 120 | 8.18 | 5.54 | 4.50 | 3.92 | 3.55 | 3.28 | 3.09 | 2.93 | 2.81 | 2.71 | 2.54 | 2.37 | 2.19 | 2.09 | 1.98 | 1.87 | 1.75 | 1.61 | 1.43 |
| ∞ | 7.88 | 5.30 | 4.28 | 3.72 | 3.35 | 3.09 | 2.90 | 2.74 | 2.62 | 2.52 | 2.36 | 2.19 | 2.00 | 1.90 | 1.79 | 1.67 | 1.53 | 1.36 | 1.00 |

例1. 自由度 (5, 10) の F 分布の上側 0.5% の点は 6・87 である。　例2. 自由度 (5, 10) の F 分布の下側 0.5% の点は 1/13・6 である。

## 15. F 表 (2.5%)

$F(\phi_1, \phi_2; 0.025)$

(分子の自由度 $\phi_1$, 分母の自由度 $\phi_2$ の $F$ 分布の上側 2.5% の点を求める表)

上側 2.5%

| $\phi_1$ \ $\phi_2$ | 1 | 2 | 3 | 4 | 5 | 6 | 7 | 8 | 9 | 10 | 12 | 15 | 20 | 24 | 30 | 40 | 60 | 120 | ∞ | $\phi_2$ |
|---|---|---|---|---|---|---|---|---|---|---|---|---|---|---|---|---|---|---|---|---|
| 1 | 648. | 800. | 864. | 900. | 922. | 937. | 948. | 957. | 963. | 969. | 977. | 985. | 993. | 997. | 1001. | 1006. | 1010. | 1014. | 1018. | 1 |
| 2 | 38.5 | 39.0 | 39.2 | 39.2 | 39.3 | 39.3 | 39.4 | 39.4 | 39.4 | 39.4 | 39.4 | 39.4 | 39.4 | 39.5 | 39.5 | 39.5 | 39.5 | 39.5 | 39.5 | 2 |
| 3 | 17.4 | 16.0 | 15.4 | 15.1 | 14.9 | 14.7 | 14.6 | 14.5 | 14.5 | 14.4 | 14.3 | 14.3 | 14.2 | 14.1 | 14.1 | 14.0 | 14.0 | 13.9 | 13.9 | 3 |
| 4 | 12.2 | 10.6 | 9.98 | 9.60 | 9.36 | 9.20 | 9.07 | 8.98 | 8.90 | 8.84 | 8.75 | 8.66 | 8.56 | 8.51 | 8.46 | 8.41 | 8.36 | 8.31 | 8.26 | 4 |
| 5 | 10.0 | 8.43 | 7.76 | 7.39 | 7.15 | 6.98 | 6.85 | 6.76 | 6.68 | 6.62 | 6.52 | 6.43 | 6.33 | 6.28 | 6.23 | 6.18 | 6.12 | 6.07 | 6.02 | 5 |
| 6 | 8.81 | 7.26 | 6.60 | 6.23 | 5.99 | 5.82 | 5.70 | 5.60 | 5.52 | 5.46 | 5.37 | 5.27 | 5.17 | 5.12 | 5.07 | 5.01 | 4.96 | 4.90 | 4.85 | 6 |
| 7 | 8.07 | 6.54 | 5.89 | 5.52 | 5.29 | 5.12 | 4.99 | 4.90 | 4.82 | 4.76 | 4.67 | 4.57 | 4.47 | 4.42 | 4.36 | 4.31 | 4.25 | 4.20 | 4.14 | 7 |
| 8 | 7.57 | 6.06 | 5.42 | 5.05 | 4.82 | 4.65 | 4.53 | 4.43 | 4.36 | 4.30 | 4.20 | 4.10 | 4.00 | 3.95 | 3.89 | 3.84 | 3.78 | 3.73 | 3.67 | 8 |
| 9 | 7.21 | 5.71 | 5.08 | 4.72 | 4.48 | 4.32 | 4.20 | 4.10 | 4.03 | 3.96 | 3.87 | 3.77 | 3.67 | 3.61 | 3.56 | 3.51 | 3.45 | 3.39 | 3.33 | 9 |
| 10 | 6.94 | 5.46 | 4.83 | 4.47 | 4.24 | 4.07 | 3.95 | 3.85 | 3.78 | 3.72 | 3.62 | 3.52 | 3.42 | 3.37 | 3.31 | 3.26 | 3.20 | 3.14 | 3.08 | 10 |
| 11 | 6.72 | 5.26 | 4.63 | 4.28 | 4.04 | 3.88 | 3.76 | 3.66 | 3.59 | 3.53 | 3.43 | 3.33 | 3.23 | 3.17 | 3.12 | 3.06 | 3.00 | 2.94 | 2.88 | 11 |
| 12 | 6.55 | 5.10 | 4.47 | 4.12 | 3.89 | 3.73 | 3.61 | 3.51 | 3.44 | 3.37 | 3.28 | 3.18 | 3.07 | 3.02 | 2.96 | 2.91 | 2.85 | 2.79 | 2.72 | 12 |
| 13 | 6.41 | 4.97 | 4.35 | 4.00 | 3.77 | 3.60 | 3.48 | 3.39 | 3.31 | 3.25 | 3.15 | 3.05 | 2.95 | 2.89 | 2.84 | 2.78 | 2.72 | 2.66 | 2.60 | 13 |
| 14 | 6.30 | 4.86 | 4.24 | 3.89 | 3.66 | 3.50 | 3.38 | 3.29 | 3.21 | 3.15 | 3.05 | 2.95 | 2.84 | 2.79 | 2.73 | 2.67 | 2.61 | 2.55 | 2.49 | 14 |
| 15 | 6.20 | 4.77 | 4.15 | 3.80 | 3.58 | 3.41 | 3.29 | 3.20 | 3.12 | 3.06 | 2.96 | 2.86 | 2.76 | 2.70 | 2.64 | 2.59 | 2.52 | 2.46 | 2.40 | 15 |
| 16 | 6.12 | 4.69 | 4.08 | 3.73 | 3.50 | 3.34 | 3.22 | 3.12 | 3.05 | 2.99 | 2.89 | 2.79 | 2.68 | 2.63 | 2.57 | 2.51 | 2.45 | 2.38 | 2.32 | 16 |
| 17 | 6.04 | 4.62 | 4.01 | 3.66 | 3.44 | 3.28 | 3.16 | 3.06 | 2.98 | 2.92 | 2.82 | 2.72 | 2.62 | 2.56 | 2.50 | 2.44 | 2.38 | 2.32 | 2.25 | 17 |
| 18 | 5.98 | 4.56 | 3.95 | 3.61 | 3.38 | 3.22 | 3.10 | 3.01 | 2.93 | 2.87 | 2.77 | 2.67 | 2.56 | 2.50 | 2.44 | 2.38 | 2.32 | 2.26 | 2.19 | 18 |
| 19 | 5.92 | 4.51 | 3.90 | 3.56 | 3.33 | 3.17 | 3.05 | 2.96 | 2.88 | 2.82 | 2.72 | 2.62 | 2.51 | 2.45 | 2.39 | 2.33 | 2.27 | 2.20 | 2.13 | 19 |
| 20 | 5.87 | 4.46 | 3.86 | 3.51 | 3.29 | 3.13 | 3.01 | 2.91 | 2.84 | 2.77 | 2.68 | 2.57 | 2.46 | 2.41 | 2.35 | 2.29 | 2.22 | 2.16 | 2.09 | 20 |
| 21 | 5.83 | 4.42 | 3.82 | 3.48 | 3.25 | 3.09 | 2.97 | 2.87 | 2.80 | 2.73 | 2.64 | 2.53 | 2.42 | 2.37 | 2.31 | 2.25 | 2.18 | 2.11 | 2.04 | 21 |
| 22 | 5.79 | 4.38 | 3.78 | 3.44 | 3.22 | 3.05 | 2.93 | 2.84 | 2.76 | 2.70 | 2.60 | 2.50 | 2.39 | 2.33 | 2.27 | 2.21 | 2.14 | 2.08 | 2.00 | 22 |
| 23 | 5.75 | 4.35 | 3.75 | 3.41 | 3.18 | 3.02 | 2.90 | 2.81 | 2.73 | 2.67 | 2.57 | 2.47 | 2.36 | 2.30 | 2.24 | 2.18 | 2.11 | 2.04 | 1.97 | 23 |
| 24 | 5.72 | 4.32 | 3.72 | 3.38 | 3.15 | 2.99 | 2.87 | 2.78 | 2.70 | 2.64 | 2.54 | 2.44 | 2.33 | 2.27 | 2.21 | 2.15 | 2.08 | 2.01 | 1.94 | 24 |
| 25 | 5.69 | 4.29 | 3.69 | 3.35 | 3.13 | 2.97 | 2.85 | 2.75 | 2.68 | 2.61 | 2.51 | 2.41 | 2.30 | 2.24 | 2.18 | 2.12 | 2.05 | 1.98 | 1.91 | 25 |
| 26 | 5.66 | 4.27 | 3.67 | 3.33 | 3.10 | 2.94 | 2.82 | 2.73 | 2.65 | 2.59 | 2.49 | 2.39 | 2.28 | 2.22 | 2.16 | 2.09 | 2.03 | 1.95 | 1.88 | 26 |
| 27 | 5.63 | 4.24 | 3.65 | 3.31 | 3.08 | 2.92 | 2.80 | 2.71 | 2.63 | 2.57 | 2.47 | 2.36 | 2.25 | 2.19 | 2.13 | 2.07 | 2.00 | 1.93 | 1.85 | 27 |
| 28 | 5.61 | 4.22 | 3.63 | 3.29 | 3.06 | 2.90 | 2.78 | 2.69 | 2.61 | 2.55 | 2.45 | 2.34 | 2.23 | 2.17 | 2.11 | 2.05 | 1.98 | 1.91 | 1.83 | 28 |
| 29 | 5.59 | 4.20 | 3.61 | 3.27 | 3.04 | 2.88 | 2.76 | 2.67 | 2.59 | 2.53 | 2.43 | 2.32 | 2.21 | 2.15 | 2.09 | 2.03 | 1.96 | 1.89 | 1.81 | 29 |
| 30 | 5.57 | 4.18 | 3.59 | 3.25 | 3.03 | 2.87 | 2.75 | 2.65 | 2.57 | 2.51 | 2.41 | 2.31 | 2.20 | 2.14 | 2.07 | 2.01 | 1.94 | 1.87 | 1.79 | 30 |
| 40 | 5.42 | 4.05 | 3.46 | 3.13 | 2.90 | 2.74 | 2.62 | 2.53 | 2.45 | 2.39 | 2.29 | 2.18 | 2.07 | 2.01 | 1.94 | 1.88 | 1.80 | 1.72 | 1.64 | 40 |
| 60 | 5.29 | 3.93 | 3.34 | 3.01 | 2.79 | 2.63 | 2.51 | 2.41 | 2.33 | 2.27 | 2.17 | 2.06 | 1.94 | 1.88 | 1.82 | 1.74 | 1.67 | 1.58 | 1.48 | 60 |
| 120 | 5.15 | 3.80 | 3.23 | 2.89 | 2.67 | 2.52 | 2.39 | 2.30 | 2.22 | 2.16 | 2.05 | 1.94 | 1.82 | 1.76 | 1.69 | 1.61 | 1.53 | 1.43 | 1.31 | 120 |
| ∞ | 5.02 | 3.69 | 3.12 | 2.79 | 2.57 | 2.41 | 2.29 | 2.19 | 2.11 | 2.05 | 1.94 | 1.83 | 1.71 | 1.64 | 1.57 | 1.48 | 1.39 | 1.27 | 1.00 | ∞ |
| $\phi_2$ \ $\phi_1$ | 1 | 2 | 3 | 4 | 5 | 6 | 7 | 8 | 9 | 10 | 12 | 15 | 20 | 24 | 30 | 40 | 60 | 120 | ∞ | $\phi_1$ |

**例1．** 自由度 (5, 10) の $F$ 分布の上側 2.5% の点は 4.24 である． **例2．** 自由度 (5, 10) の $F$ 分布の下側 2.5% の点は 1/6.62 である．

## 16. F 表 (10%)

$F(\phi_1, \phi_2; 0.10)$

(分子の自由度 $\phi_1$, 分母の自由度 $\phi_2$ の $F$ 分布の上側10%の点を求める表)

| $\phi_2$ \ $\phi_1$ | 1 | 2 | 3 | 4 | 5 | 6 | 7 | 8 | 9 | 10 | 12 | 15 | 20 | 24 | 30 | 40 | 60 | 120 | ∞ |
|---|---|---|---|---|---|---|---|---|---|---|---|---|---|---|---|---|---|---|---|
| 1 | 39.9 | 49.5 | 53.6 | 55.8 | 57.2 | 58.2 | 58.9 | 59.4 | 59.9 | 60.2 | 60.7 | 61.2 | 61.7 | 62.0 | 62.3 | 62.5 | 62.8 | 63.1 | 63.3 |
| 2 | 8.53 | 9.00 | 9.16 | 9.24 | 9.29 | 9.33 | 9.35 | 9.37 | 9.38 | 9.39 | 9.41 | 9.42 | 9.44 | 9.45 | 9.46 | 9.47 | 9.47 | 9.48 | 9.49 |
| 3 | 5.54 | 5.46 | 5.39 | 5.34 | 5.31 | 5.28 | 5.27 | 5.25 | 5.24 | 5.23 | 5.22 | 5.20 | 5.18 | 5.18 | 5.17 | 5.16 | 5.15 | 5.14 | 5.13 |
| 4 | 4.54 | 4.32 | 4.19 | 4.11 | 4.05 | 4.01 | 3.98 | 3.95 | 3.94 | 3.92 | 3.90 | 3.87 | 3.84 | 3.83 | 3.82 | 3.80 | 3.79 | 3.78 | 3.76 |
| 5 | 4.06 | 3.78 | 3.62 | 3.52 | 3.45 | 3.40 | 3.37 | 3.34 | 3.32 | 3.30 | 3.27 | 3.24 | 3.21 | 3.19 | 3.17 | 3.16 | 3.14 | 3.12 | 3.10 |
| 6 | 3.78 | 3.46 | 3.29 | 3.18 | 3.11 | 3.05 | 3.01 | 2.98 | 2.96 | 2.94 | 2.90 | 2.87 | 2.84 | 2.82 | 2.80 | 2.78 | 2.76 | 2.74 | 2.72 |
| 7 | 3.59 | 3.26 | 3.07 | 2.96 | 2.88 | 2.83 | 2.78 | 2.75 | 2.72 | 2.70 | 2.67 | 2.63 | 2.59 | 2.58 | 2.56 | 2.54 | 2.51 | 2.49 | 2.47 |
| 8 | 3.46 | 3.11 | 2.92 | 2.81 | 2.73 | 2.67 | 2.62 | 2.59 | 2.56 | 2.54 | 2.50 | 2.46 | 2.42 | 2.40 | 2.38 | 2.36 | 2.34 | 2.32 | 2.29 |
| 9 | 3.36 | 3.01 | 2.81 | 2.69 | 2.61 | 2.55 | 2.51 | 2.47 | 2.44 | 2.42 | 2.38 | 2.34 | 2.30 | 2.28 | 2.25 | 2.23 | 2.21 | 2.18 | 2.16 |
| 10 | 3.29 | 2.92 | 2.73 | 2.61 | 2.52 | 2.46 | 2.41 | 2.38 | 2.35 | 2.32 | 2.28 | 2.24 | 2.20 | 2.18 | 2.16 | 2.13 | 2.11 | 2.08 | 2.06 |
| 11 | 3.23 | 2.86 | 2.66 | 2.54 | 2.45 | 2.39 | 2.34 | 2.30 | 2.27 | 2.25 | 2.21 | 2.17 | 2.12 | 2.10 | 2.08 | 2.05 | 2.03 | 2.00 | 1.97 |
| 12 | 3.18 | 2.81 | 2.61 | 2.48 | 2.39 | 2.33 | 2.28 | 2.24 | 2.21 | 2.19 | 2.15 | 2.10 | 2.06 | 2.04 | 2.01 | 1.99 | 1.96 | 1.93 | 1.90 |
| 13 | 3.14 | 2.76 | 2.56 | 2.43 | 2.35 | 2.28 | 2.23 | 2.20 | 2.16 | 2.14 | 2.10 | 2.05 | 2.01 | 1.98 | 1.96 | 1.93 | 1.90 | 1.88 | 1.85 |
| 14 | 3.10 | 2.73 | 2.52 | 2.39 | 2.31 | 2.24 | 2.19 | 2.15 | 2.12 | 2.10 | 2.05 | 2.01 | 1.96 | 1.94 | 1.91 | 1.89 | 1.86 | 1.83 | 1.80 |
| 15 | 3.07 | 2.70 | 2.49 | 2.36 | 2.27 | 2.21 | 2.16 | 2.12 | 2.09 | 2.06 | 2.02 | 1.97 | 1.92 | 1.90 | 1.87 | 1.85 | 1.82 | 1.79 | 1.76 |
| 16 | 3.05 | 2.67 | 2.46 | 2.33 | 2.24 | 2.18 | 2.13 | 2.09 | 2.06 | 2.03 | 1.99 | 1.94 | 1.89 | 1.87 | 1.84 | 1.81 | 1.78 | 1.75 | 1.72 |
| 17 | 3.03 | 2.64 | 2.44 | 2.31 | 2.22 | 2.15 | 2.10 | 2.06 | 2.03 | 2.00 | 1.96 | 1.91 | 1.86 | 1.84 | 1.81 | 1.78 | 1.75 | 1.72 | 1.69 |
| 18 | 3.01 | 2.62 | 2.42 | 2.29 | 2.20 | 2.13 | 2.08 | 2.04 | 2.00 | 1.98 | 1.93 | 1.89 | 1.84 | 1.81 | 1.78 | 1.75 | 1.72 | 1.69 | 1.66 |
| 19 | 2.99 | 2.61 | 2.40 | 2.27 | 2.18 | 2.11 | 2.06 | 2.02 | 1.98 | 1.96 | 1.91 | 1.86 | 1.81 | 1.79 | 1.76 | 1.73 | 1.70 | 1.67 | 1.63 |
| 20 | 2.97 | 2.59 | 2.38 | 2.25 | 2.16 | 2.09 | 2.04 | 2.00 | 1.96 | 1.94 | 1.89 | 1.84 | 1.79 | 1.77 | 1.74 | 1.71 | 1.68 | 1.64 | 1.61 |
| 21 | 2.96 | 2.57 | 2.36 | 2.23 | 2.14 | 2.08 | 2.02 | 1.98 | 1.95 | 1.92 | 1.87 | 1.83 | 1.78 | 1.75 | 1.72 | 1.69 | 1.66 | 1.62 | 1.59 |
| 22 | 2.95 | 2.56 | 2.35 | 2.22 | 2.13 | 2.06 | 2.01 | 1.97 | 1.93 | 1.90 | 1.86 | 1.81 | 1.76 | 1.73 | 1.70 | 1.67 | 1.64 | 1.60 | 1.57 |
| 23 | 2.94 | 2.55 | 2.34 | 2.21 | 2.11 | 2.05 | 1.99 | 1.95 | 1.92 | 1.89 | 1.84 | 1.80 | 1.74 | 1.72 | 1.69 | 1.66 | 1.62 | 1.59 | 1.55 |
| 24 | 2.93 | 2.54 | 2.33 | 2.19 | 2.10 | 2.04 | 1.98 | 1.94 | 1.91 | 1.88 | 1.83 | 1.78 | 1.73 | 1.70 | 1.67 | 1.64 | 1.61 | 1.57 | 1.53 |
| 25 | 2.92 | 2.53 | 2.32 | 2.18 | 2.09 | 2.02 | 1.97 | 1.93 | 1.89 | 1.87 | 1.82 | 1.77 | 1.72 | 1.69 | 1.66 | 1.63 | 1.59 | 1.56 | 1.52 |
| 26 | 2.91 | 2.52 | 2.31 | 2.17 | 2.08 | 2.01 | 1.96 | 1.92 | 1.88 | 1.86 | 1.81 | 1.76 | 1.71 | 1.68 | 1.65 | 1.61 | 1.58 | 1.54 | 1.50 |
| 27 | 2.90 | 2.51 | 2.30 | 2.17 | 2.07 | 2.00 | 1.95 | 1.91 | 1.87 | 1.85 | 1.80 | 1.75 | 1.70 | 1.67 | 1.64 | 1.60 | 1.57 | 1.53 | 1.49 |
| 28 | 2.89 | 2.50 | 2.29 | 2.16 | 2.06 | 2.00 | 1.94 | 1.90 | 1.87 | 1.84 | 1.79 | 1.74 | 1.69 | 1.66 | 1.63 | 1.59 | 1.56 | 1.52 | 1.48 |
| 29 | 2.89 | 2.50 | 2.28 | 2.15 | 2.06 | 1.99 | 1.93 | 1.89 | 1.86 | 1.83 | 1.78 | 1.73 | 1.68 | 1.65 | 1.62 | 1.58 | 1.55 | 1.51 | 1.47 |
| 30 | 2.88 | 2.49 | 2.28 | 2.14 | 2.05 | 1.98 | 1.93 | 1.88 | 1.85 | 1.82 | 1.77 | 1.72 | 1.67 | 1.64 | 1.61 | 1.57 | 1.54 | 1.50 | 1.46 |
| 40 | 2.84 | 2.44 | 2.23 | 2.09 | 2.00 | 1.93 | 1.87 | 1.83 | 1.79 | 1.76 | 1.71 | 1.66 | 1.61 | 1.57 | 1.54 | 1.51 | 1.47 | 1.42 | 1.38 |
| 60 | 2.79 | 2.39 | 2.18 | 2.04 | 1.95 | 1.87 | 1.82 | 1.77 | 1.74 | 1.71 | 1.66 | 1.60 | 1.54 | 1.51 | 1.48 | 1.44 | 1.40 | 1.35 | 1.29 |
| 120 | 2.75 | 2.35 | 2.13 | 1.99 | 1.90 | 1.82 | 1.77 | 1.72 | 1.68 | 1.65 | 1.60 | 1.55 | 1.48 | 1.45 | 1.41 | 1.37 | 1.32 | 1.26 | 1.19 |
| ∞ | 2.71 | 2.30 | 2.08 | 1.94 | 1.85 | 1.77 | 1.72 | 1.67 | 1.63 | 1.60 | 1.55 | 1.49 | 1.42 | 1.38 | 1.34 | 1.30 | 1.24 | 1.17 | 1.00 |

例1. 自由度 (5, 10) の $F$ 分布の上側10%の点は2.52である。 例2. 自由度 (5, 10) の $F$ 分布の下側10%の点は 1/3.30 である。

## 17. $F$ 表 (25%)

$F(\phi_1, \phi_2; 0.25)$

(分子の自由度 $\phi_1$, 分母の自由度 $\phi_2$ の $F$ 分布の上側 25% の点を求める表)

| $\phi_2 \backslash \phi_1$ | 1 | 2 | 3 | 4 | 5 | 6 | 7 | 8 | 9 | 10 | 12 | 15 | 20 | 24 | 30 | 40 | 60 | 120 | ∞ | $\phi_1 \backslash \phi_2$ |
|---|---|---|---|---|---|---|---|---|---|---|---|---|---|---|---|---|---|---|---|---|
| 1 | 5.83 | 7.50 | 8.20 | 8.58 | 8.82 | 8.98 | 9.10 | 9.19 | 9.26 | 9.32 | 9.41 | 9.49 | 9.58 | 9.63 | 9.67 | 9.71 | 9.76 | 9.80 | 9.85 | 1 |
| 2 | 2.57 | 3.00 | 3.15 | 3.23 | 3.28 | 3.31 | 3.34 | 3.35 | 3.37 | 3.38 | 3.39 | 3.41 | 3.43 | 3.43 | 3.44 | 3.45 | 3.46 | 3.47 | 3.48 | 2 |
| 3 | 2.02 | 2.28 | 2.36 | 2.39 | 2.41 | 2.42 | 2.43 | 2.44 | 2.44 | 2.44 | 2.45 | 2.46 | 2.46 | 2.46 | 2.47 | 2.47 | 2.47 | 2.47 | 2.47 | 3 |
| 4 | 1.81 | 2.00 | 2.05 | 2.06 | 2.07 | 2.08 | 2.08 | 2.08 | 2.08 | 2.08 | 2.08 | 2.08 | 2.08 | 2.08 | 2.08 | 2.08 | 2.08 | 2.08 | 2.08 | 4 |
| 5 | 1.69 | 1.85 | 1.88 | 1.89 | 1.89 | 1.89 | 1.89 | 1.89 | 1.89 | 1.89 | 1.89 | 1.89 | 1.88 | 1.88 | 1.88 | 1.88 | 1.87 | 1.87 | 1.87 | 5 |
| 6 | 1.62 | 1.76 | 1.78 | 1.79 | 1.79 | 1.78 | 1.78 | 1.78 | 1.77 | 1.77 | 1.77 | 1.76 | 1.76 | 1.75 | 1.75 | 1.75 | 1.74 | 1.74 | 1.74 | 6 |
| 7 | 1.57 | 1.70 | 1.72 | 1.72 | 1.71 | 1.71 | 1.70 | 1.70 | 1.69 | 1.69 | 1.68 | 1.68 | 1.67 | 1.67 | 1.66 | 1.66 | 1.65 | 1.65 | 1.65 | 7 |
| 8 | 1.54 | 1.66 | 1.67 | 1.66 | 1.66 | 1.65 | 1.64 | 1.64 | 1.63 | 1.63 | 1.62 | 1.62 | 1.61 | 1.60 | 1.60 | 1.59 | 1.59 | 1.58 | 1.58 | 8 |
| 9 | 1.51 | 1.62 | 1.63 | 1.63 | 1.62 | 1.61 | 1.60 | 1.60 | 1.59 | 1.59 | 1.58 | 1.57 | 1.56 | 1.56 | 1.55 | 1.54 | 1.54 | 1.53 | 1.53 | 9 |
| 10 | 1.49 | 1.60 | 1.60 | 1.59 | 1.59 | 1.58 | 1.57 | 1.56 | 1.56 | 1.55 | 1.54 | 1.53 | 1.52 | 1.52 | 1.51 | 1.51 | 1.50 | 1.49 | 1.48 | 10 |
| 11 | 1.47 | 1.58 | 1.58 | 1.57 | 1.56 | 1.55 | 1.54 | 1.53 | 1.53 | 1.52 | 1.51 | 1.50 | 1.49 | 1.49 | 1.48 | 1.47 | 1.47 | 1.46 | 1.45 | 11 |
| 12 | 1.46 | 1.56 | 1.56 | 1.55 | 1.54 | 1.53 | 1.52 | 1.51 | 1.51 | 1.50 | 1.49 | 1.48 | 1.47 | 1.46 | 1.45 | 1.45 | 1.44 | 1.43 | 1.42 | 12 |
| 13 | 1.45 | 1.55 | 1.55 | 1.53 | 1.52 | 1.51 | 1.50 | 1.49 | 1.49 | 1.48 | 1.47 | 1.46 | 1.45 | 1.44 | 1.43 | 1.42 | 1.42 | 1.41 | 1.40 | 13 |
| 14 | 1.44 | 1.53 | 1.53 | 1.52 | 1.51 | 1.50 | 1.49 | 1.48 | 1.47 | 1.46 | 1.45 | 1.44 | 1.43 | 1.42 | 1.41 | 1.41 | 1.40 | 1.39 | 1.38 | 14 |
| 15 | 1.43 | 1.52 | 1.52 | 1.51 | 1.49 | 1.48 | 1.47 | 1.46 | 1.46 | 1.45 | 1.44 | 1.43 | 1.41 | 1.41 | 1.40 | 1.39 | 1.38 | 1.37 | 1.36 | 15 |
| 16 | 1.42 | 1.51 | 1.51 | 1.50 | 1.48 | 1.47 | 1.46 | 1.45 | 1.44 | 1.44 | 1.43 | 1.41 | 1.40 | 1.39 | 1.38 | 1.37 | 1.36 | 1.35 | 1.34 | 16 |
| 17 | 1.42 | 1.51 | 1.50 | 1.49 | 1.47 | 1.46 | 1.45 | 1.44 | 1.43 | 1.43 | 1.41 | 1.40 | 1.39 | 1.38 | 1.37 | 1.36 | 1.35 | 1.34 | 1.33 | 17 |
| 18 | 1.41 | 1.50 | 1.49 | 1.48 | 1.46 | 1.45 | 1.44 | 1.43 | 1.42 | 1.42 | 1.40 | 1.39 | 1.38 | 1.37 | 1.36 | 1.35 | 1.34 | 1.33 | 1.32 | 18 |
| 19 | 1.41 | 1.49 | 1.49 | 1.47 | 1.46 | 1.44 | 1.43 | 1.42 | 1.41 | 1.41 | 1.40 | 1.38 | 1.37 | 1.36 | 1.35 | 1.34 | 1.33 | 1.32 | 1.30 | 19 |
| 20 | 1.40 | 1.49 | 1.48 | 1.47 | 1.45 | 1.44 | 1.43 | 1.42 | 1.41 | 1.40 | 1.39 | 1.37 | 1.36 | 1.35 | 1.34 | 1.33 | 1.32 | 1.31 | 1.29 | 20 |
| 21 | 1.40 | 1.48 | 1.48 | 1.46 | 1.44 | 1.43 | 1.42 | 1.41 | 1.40 | 1.39 | 1.38 | 1.37 | 1.35 | 1.34 | 1.33 | 1.32 | 1.31 | 1.30 | 1.28 | 21 |
| 22 | 1.40 | 1.48 | 1.47 | 1.45 | 1.44 | 1.42 | 1.41 | 1.40 | 1.39 | 1.39 | 1.37 | 1.36 | 1.34 | 1.33 | 1.32 | 1.31 | 1.30 | 1.29 | 1.28 | 22 |
| 23 | 1.39 | 1.47 | 1.47 | 1.45 | 1.43 | 1.42 | 1.41 | 1.40 | 1.39 | 1.38 | 1.37 | 1.35 | 1.34 | 1.33 | 1.32 | 1.31 | 1.30 | 1.28 | 1.27 | 23 |
| 24 | 1.39 | 1.47 | 1.46 | 1.44 | 1.43 | 1.41 | 1.40 | 1.39 | 1.38 | 1.38 | 1.36 | 1.35 | 1.33 | 1.32 | 1.31 | 1.30 | 1.29 | 1.28 | 1.26 | 24 |
| 25 | 1.39 | 1.47 | 1.46 | 1.44 | 1.42 | 1.41 | 1.40 | 1.39 | 1.38 | 1.37 | 1.36 | 1.34 | 1.33 | 1.32 | 1.31 | 1.29 | 1.28 | 1.27 | 1.25 | 25 |
| 26 | 1.38 | 1.46 | 1.45 | 1.44 | 1.42 | 1.41 | 1.39 | 1.38 | 1.37 | 1.37 | 1.35 | 1.34 | 1.32 | 1.31 | 1.30 | 1.29 | 1.28 | 1.26 | 1.25 | 26 |
| 27 | 1.38 | 1.46 | 1.45 | 1.43 | 1.42 | 1.40 | 1.39 | 1.38 | 1.37 | 1.36 | 1.35 | 1.33 | 1.32 | 1.31 | 1.30 | 1.28 | 1.27 | 1.26 | 1.24 | 27 |
| 28 | 1.38 | 1.46 | 1.45 | 1.43 | 1.41 | 1.40 | 1.39 | 1.38 | 1.37 | 1.36 | 1.34 | 1.33 | 1.31 | 1.30 | 1.29 | 1.28 | 1.27 | 1.25 | 1.24 | 28 |
| 29 | 1.38 | 1.45 | 1.45 | 1.43 | 1.41 | 1.40 | 1.38 | 1.37 | 1.36 | 1.35 | 1.34 | 1.32 | 1.31 | 1.30 | 1.29 | 1.27 | 1.26 | 1.25 | 1.23 | 29 |
| 30 | 1.38 | 1.45 | 1.44 | 1.42 | 1.41 | 1.39 | 1.38 | 1.37 | 1.36 | 1.35 | 1.34 | 1.32 | 1.30 | 1.29 | 1.28 | 1.27 | 1.26 | 1.24 | 1.23 | 30 |
| 40 | 1.36 | 1.44 | 1.42 | 1.40 | 1.39 | 1.37 | 1.36 | 1.35 | 1.34 | 1.33 | 1.31 | 1.30 | 1.28 | 1.26 | 1.25 | 1.24 | 1.22 | 1.21 | 1.19 | 40 |
| 60 | 1.35 | 1.42 | 1.41 | 1.38 | 1.37 | 1.35 | 1.33 | 1.32 | 1.31 | 1.30 | 1.29 | 1.27 | 1.25 | 1.24 | 1.22 | 1.21 | 1.19 | 1.17 | 1.15 | 60 |
| 120 | 1.34 | 1.40 | 1.39 | 1.37 | 1.35 | 1.33 | 1.31 | 1.30 | 1.29 | 1.28 | 1.26 | 1.24 | 1.22 | 1.21 | 1.19 | 1.18 | 1.16 | 1.13 | 1.10 | 120 |
| ∞ | 1.32 | 1.39 | 1.37 | 1.35 | 1.33 | 1.31 | 1.29 | 1.28 | 1.27 | 1.25 | 1.24 | 1.22 | 1.19 | 1.18 | 1.16 | 1.14 | 1.12 | 1.08 | 1.00 | ∞ |

**例 1.** 自由度 (5, 10) の $F$ 分布の上側 25% の点は 1.59 である. **例 2.** 自由度 (5, 10) の $F$ 分布の下側 25% の点は $1/1.89$ である.

## 18. $F$ 表の使いかた

### (a) 母分散のちがいの検定

2つの正規母集団 $N(\mu_1, \sigma_1^2)$, $N(\mu_2, \sigma_2^2)$ からのそれぞれ大きさ $n_1$, $n_2$ の2組のサンプルにもとづいて仮説 $H_0: \sigma_1^2 = \sigma_2^2$ を対立仮説 $H_1: \sigma_1^2 > \sigma_2^2$ に対して検定する.

**手順1** 仮説と有意水準

$H_0: \sigma_1^2 = \sigma_2^2$

$H_1: \sigma_1^2 > \sigma_2^2$  (片側検定)

有意水準 $\alpha$ を定める.

**手順2** 検定統計量と棄却域

検定統計量として $F_0$ を用いる.

$$F_0 = \frac{V_1}{V_2}$$

$H_0$ の棄却域は

$$F_0 \geq F(n_1-1, n_2-1; \alpha)$$

**手順3** 統計量の計算

**手順4** 判定

$F_0$ が棄却域にあれば仮説 $H_0$ を棄却する.

$\left.\begin{array}{l} n_1 = 10, \ S_1 = 4662\cdot4, \ V_1 = 518\cdot04 \\ n_2 = 9, \ \ S_2 = 452\cdot9, \ \ V_2 = 56\cdot61 \end{array}\right\}$ のとき

**手順1** $H_0: \sigma_1^2 = \sigma_2^2$

$H_1: \sigma_1^2 > \sigma_2^2$

$\alpha = 0\cdot05$ とする.

**手順2** 棄却域

$F_0 \geq F(9, 8; 0\cdot05) = 3\cdot39$

**手順3** $F_0$ の計算

$$F_0 = \frac{518\cdot04}{56\cdot61} = 9\cdot15$$

**手順4** 判定

$F_0 = 9\cdot15 > 3\cdot39$

有意水準 $\alpha = 0\cdot05$ で $H_0$ を棄却する.

**注** 対立仮説が $\sigma_1^2 \neq \sigma_2^2$（両側検定）の場合は, $V_1/V_2$ と $V_2/V_1$ のうち, 1より大きい方を求め, $F(n_1-1, n_2-1; \alpha/2)$ または $F(n_2-1, n_1-1; \alpha/2)$ と比較する.

### (b) 他の分布との関係

正規分布: $K_P = \sqrt{F(1, \infty; 2P)}$

$t$ 分布: $t(\phi, P) = \sqrt{F(1, \phi; P)}$

$\chi^2$ 分布: $\chi^2(\phi, P) = \phi F(\phi, \infty; P)$

$$= \frac{\phi}{F(\infty, \phi; (1-P))}$$

$r$ の分布: $r(\phi, P) = \sqrt{\dfrac{F(1, \phi; P)}{\phi + F(1, \phi; P)}}$

二項分布: $\phi_1 = 2(n-r+1)$, $\phi_2 = 2r$

$\dfrac{1-p}{p} = \dfrac{\phi_1}{\phi_2} F(\phi_1, \phi_2; P)$ のとき

$$\sum_{x=r}^{n} \binom{n}{x} p^x (1-p)^{n-x} = P$$

また, $\phi_1 = 2(a+1)$, $\phi_2 = 2(n-a)$

$\dfrac{p}{1-p} = \dfrac{\phi_1}{\phi_2} F(\phi_1, \phi_2; P)$ のとき

$$\sum_{x=0}^{a} \binom{n}{x} p^x (1-p)^{n-x} = P$$

$K_{0\cdot025} = \sqrt{F(1, \infty; 0\cdot05)} = \sqrt{3\cdot84} = 1\cdot96$

$t(10, 0\cdot05) = \sqrt{F(1, 10; 0\cdot05)} = \sqrt{4\cdot96} = 2\cdot227$

$\chi^2(10, 0\cdot05) = 10 \times F(10, \infty; 0\cdot05) = 18\cdot3$

$\chi^2(10, 0\cdot95) = \dfrac{10}{F(\infty, 10; 0\cdot05)} = \dfrac{10}{2\cdot54} = 3\cdot94$

$r(30, 0\cdot05) = \sqrt{\dfrac{4\cdot17}{30+4\cdot17}} = 0\cdot349$

$\left[\begin{array}{l} n=10, \ r=3; \ \phi_1=16, \ \phi_2=6 \\ \dfrac{1-p}{p} = \dfrac{16}{6} F(16, 6; 0\cdot05) = \dfrac{8}{3} \times 3\cdot93 = 10\cdot48 \\ p = \dfrac{1}{1+10\cdot48} = 0\cdot0871 \text{のとき} \sum_{x=3}^{10} \cdots = 0\cdot05 \end{array}\right]$

$\left[\begin{array}{l} n=10, \ a=3; \ \phi_1=8, \ \phi_2=14 \\ \dfrac{p}{1-p} = \dfrac{8}{14} F(8, 14; 0\cdot05) = \dfrac{4}{7} \times 2\cdot70 = 1\cdot543 \\ p = \dfrac{1\cdot543}{1+1\cdot543} = 0\cdot607 \text{のとき} \sum_{x=0}^{3} \cdots = 0\cdot05 \end{array}\right]$

## 19. 最大分散比 $F_{max}$

$F_{max}(k, \phi, \alpha)$

$F_{max} = V_{max}/V_{min}$ の上側5％の点　　　　　　$k=$分散の個数, $\phi=$おのおのの自由度

| $\phi$ \ $k$ | 2 | 3 | 4 | 5 | 6 | 7 | 8 | 9 | 10 | 11 | 12 |
|---|---|---|---|---|---|---|---|---|---|---|---|
| 4 | 9.60 | 15.5 | 20.6 | 25.2 | 29.5 | 33.6 | 37.5 | 41.1 | 44.6 | 48.0 | 51.4 |
| 5 | 7.15 | 10.8 | 13.7 | 16.3 | 18.7 | 20.8 | 22.9 | 24.7 | 26.5 | 28.2 | 29.9 |
| 6 | 5.82 | 8.38 | 10.4 | 12.1 | 13.7 | 15.0 | 16.3 | 17.5 | 18.6 | 19.7 | 20.7 |
| 7 | 4.99 | 6.94 | 8.44 | 9.70 | 10.8 | 11.8 | 12.7 | 13.5 | 14.3 | 15.1 | 15.8 |
| 8 | 4.43 | 6.00 | 7.18 | 8.12 | 9.03 | 9.78 | 10.5 | 11.1 | 11.7 | 12.2 | 12.7 |
| 9 | 4.03 | 5.34 | 6.31 | 7.11 | 7.80 | 8.41 | 8.95 | 9.45 | 9.91 | 10.3 | 10.7 |
| 10 | 3.72 | 4.85 | 5.67 | 6.34 | 6.92 | 7.42 | 7.87 | 8.28 | 8.66 | 9.01 | 9.34 |
| 12 | 3.28 | 4.16 | 4.79 | 5.30 | 5.72 | 6.09 | 6.42 | 6.72 | 7.00 | 7.25 | 7.48 |
| 15 | 2.86 | 3.54 | 4.01 | 4.37 | 4.68 | 4.95 | 5.19 | 5.40 | 5.59 | 5.77 | 5.93 |
| 20 | 2.46 | 2.95 | 3.29 | 3.54 | 3.76 | 3.94 | 4.10 | 4.24 | 4.37 | 4.49 | 4.59 |
| 30 | 2.07 | 2.40 | 2.61 | 2.78 | 2.91 | 3.02 | 3.12 | 3.21 | 3.29 | 3.36 | 3.39 |
| 60 | 1.67 | 1.85 | 1.96 | 2.04 | 2.11 | 2.17 | 2.22 | 2.26 | 2.30 | 2.33 | 2.36 |
| ∞ | 1.00 | 1.00 | 1.00 | 1.00 | 1.00 | 1.00 | 1.00 | 1.00 | 1.00 | 1.00 | 1.00 |

$F_{max} = V_{max}/V_{min}$ の上側1％の点　　　　　　$k=$分散の個数, $\phi=$おのおのの自由度

| $\phi$ \ $k$ | 2 | 3 | 4 | 5 | 6 | 7 | 8 | 9 | 10 | 11 | 12 |
|---|---|---|---|---|---|---|---|---|---|---|---|
| 4 | 23.2 | 37 | 49 | 59 | 69 | 79 | 89 | 97 | 106 | 113 | 120 |
| 5 | 14.9 | 22 | 28 | 33 | 38 | 42 | 46 | 50 | 54 | 57 | 60 |
| 6 | 11.1 | 15.5 | 19.1 | 22 | 25 | 27 | 30 | 32 | 34 | 36 | 37 |
| 7 | 8.89 | 12.1 | 14.5 | 16.5 | 18.4 | 20 | 22 | 23 | 24 | 26 | 27 |
| 8 | 7.50 | 9.9 | 11.7 | 13.2 | 14.5 | 15.8 | 16.9 | 17.9 | 18.9 | 19.8 | 21 |
| 9 | 6.54 | 8.5 | 9.9 | 11.1 | 12.1 | 13.1 | 13.9 | 14.7 | 15.3 | 16.0 | 16.6 |
| 10 | 5.85 | 7.4 | 8.6 | 9.6 | 10.4 | 11.1 | 11.8 | 12.4 | 12.9 | 13.4 | 13.9 |
| 12 | 4.91 | 6.1 | 6.9 | 7.6 | 8.2 | 8.7 | 9.1 | 9.5 | 9.9 | 10.2 | 10.6 |
| 15 | 4.07 | 4.9 | 5.5 | 6.0 | 6.4 | 6.7 | 7.1 | 7.3 | 7.5 | 7.8 | 8.0 |
| 20 | 3.32 | 3.8 | 4.3 | 4.6 | 4.9 | 5.1 | 5.3 | 5.5 | 5.6 | 5.8 | 5.9 |
| 30 | 2.63 | 3.0 | 3.3 | 3.4 | 3.6 | 3.7 | 3.8 | 3.9 | 4.0 | 4.1 | 4.2 |
| 60 | 1.96 | 2.2 | 2.3 | 2.4 | 2.4 | 2.5 | 2.5 | 2.6 | 2.7 | 2.7 | 2.7 |
| ∞ | 1.00 | 1.0 | 1.0 | 1.0 | 1.0 | 1.0 | 1.0 | 1.0 | 1.0 | 1.0 | 1.0 |

## 20. 分散の一様性の検定

$k$個の正規母集団から，それぞれ大きさ$n$のサンプルを取り，求めた分散を$V_i$ ($i=1, 2, \cdots, k$)として，これらの分散のうち，最大値$V_{max}$と最小値$V_{min}$の比，$F_{max}$から分散の一様性を検定する (Hartley の方法)．

**手順1** 仮説と有意水準
$H_0 : \sigma_1^2 = \sigma_2^2 = \cdots = \sigma_k^2$
$H_1 :$ いずれかの母分散が等しくない．
有意水準 $\alpha$ を定める．

**手順2** 検定統計量と棄却域
$F_{max} = \dfrac{V_{max}}{V_{min}} \geq F_{max}(k, \phi, \alpha)$

**手順3** 検定統計量を計算し判定する．

$n=10$ の標準サンプルを5箇所の分析センターで測定したクロスチェックで，各センターの分析値の分散がそれぞれ 128, 79, 316, 902, 205 となった．

**手順1** $H_0 : \sigma_1^2 = \sigma_2^2 = \sigma_3^2 = \sigma_4^2 = \sigma_5^2$
$\alpha = 0.05$ とする．

**手順2** $F_{max} \geq F_{max}(5, 9, 0.05) = 7.11$

**手順3** $F_{max} = \dfrac{902}{79} = 11.4 > 7.11$

有意水準 $\alpha = 0.05$ で有意．各分析センターの分析値の母分散は一様でない．

## 21. 範囲を用いる検定の補助表

（細字は $\phi$，**太字**は $c$ を示す）

| n＼k | 1 | 2 | 3 | 4 | 5 | 10 | 15 | 20 | 25 | 30 | k > 5 | k／n |
|---|---|---|---|---|---|---|---|---|---|---|---|---|
| 2 | 1·0 **1·41** | 1·9 **1·28** | 2·8 **1·23** | 3·7 **1·21** | 4·6 **1·19** | 9·0 **1·16** | 13·4 **1·15** | 17·8 **1·14** | 22·2 **1·14** | 26·5 **1·14** | 0·876k+0·25 **1·128+0·32/k** | 2 |
| 3 | 2·0 **1·91** | 3·8 **1·81** | 5·7 **1·77** | 7·5 **1·75** | 9·3 **1·74** | 18·4 **1·72** | 27·5 **1·71** | 36·6 **1·70** | 45·6 **1·70** | 54·7 **1·70** | 1·815k+0·25 **1·693+0·23/k** | 3 |
| 4 | 2·9 **2·24** | 5·7 **2·15** | 8·4 **2·12** | 11·2 **2·11** | 13·9 **2·10** | 27·6 **2·08** | 41·3 **2·07** | 55·0 **2·06** | 68·7 **2·06** | 82·4 **2·06** | 2·738k+0·25 **2·059+0·19/k** | 4 |
| 5 | 3·8 **2·48** | 7·5 **2·40** | 11·1 **2·38** | 14·7 **2·37** | 18·4 **2·36** | 36·5 **2·34** | 54·6 **2·33** | 72·7 **2·33** | 90·8 **2·33** | 108·9 **2·33** | 3·623k+0·25 **2·326+0·16/k** | 5 |
| 6 | 4·7 **2·67** | 9·2 **2·60** | 13·6 **2·58** | 18·1 **2·57** | 22·6 **2·56** | 44·9 **2·55** | 67·2 **2·54** | 89·6 **2·54** | 111·9 **2·54** | 134·2 **2·54** | 4·466k+0·25 **2·534+0·14/k** | 6 |
| 7 | 5·5 **2·83** | 10·8 **2·77** | 16·0 **2·75** | 21·3 **2·74** | 26·6 **2·73** | 52·9 **2·72** | 79·3 **2·71** | 105·6 **2·71** | 131·9 **2·71** | 158·3 **2·71** | 5·267k+0·25 **2·704+0·13/k** | 7 |
| 8 | 6·3 **2·96** | 12·3 **2·91** | 18·3 **2·89** | 24·4 **2·88** | 30·4 **2·87** | 60·6 **2·86** | 90·7 **2·85** | 120·9 **2·85** | 151·0 **2·85** | 181·2 **2·85** | 6·031k+0·25 **2·847+0·12/k** | 8 |
| 9 | 7·0 **3·08** | 13·8 **3·02** | 20·5 **3·01** | 27·3 **3·00** | 34·0 **2·99** | 67·8 **2·98** | 101·6 **2·98** | 135·3 **2·98** | 169·2 **2·97** | 203·0 **2·97** | 6·759k+0·25 **2·970+0·11/k** | 9 |
| 10 | 7·7 **3·18** | 15·1 **3·13** | 22·6 **3·11** | 30·1 **3·10** | 37·5 **3·10** | 74·8 **3·09** | 112·0 **3·08** | 149·3 **3·08** | 186·6 **3·08** | 223·8 **3·08** | 7·453k+0·25 **3·078+0·10/k** | 10 |

**注** 大きさ $n$ なるサンプル $k$ 組から求めた範囲の平均を $\bar{R}$ とすれば，近似的に $\bar{R}/c$ を自由度 $\phi$ の分散の平方根 $\sqrt{V}$ とみなすことができる．これによって，$\bar{R}$ を用いる代用 $t$ 検定，代用 $F$ 検定ができる（→22例）．

**例1**．$n=4$, $k=25$ のとき，$\phi=68·7$, $c=2·06$ であるから $\bar{R}/2·06$ は自由度 $68·7$ の分散の平方根とみなすことができる．

**例2**．$n=4$, $k=11$ のときは，$\phi=2·738 \times 11+0·25=30·4$, $c=2·059+0·19/11=2·08$ となる．

## 22. 補間法について

$t$ 表や $F$ 表を使うとき，自由度 $\phi$ が表にない値であると，正確な $t$ や $F$ を求めるには，補間法によらなければならない．そのやり方は，$\phi$ の小さいところでは直接の一次補間（比例部分）の方法により，$\phi$ の大きいところでは $120/\phi$ を用いる一次補間によるのがよい．

**例1**．$n=10$, $\bar{x}=51·8$, $R=38$ のとき，仮説 $H_0 : \mu=50$ を検定する．$k=1$, $n=10$ に対しては $\phi=7·7$, $c=3·18$ である（→21）から，$R/c=38/3·18=11·95$ を自由度 $\phi=7·7$ の $\sqrt{V}$ として使うことができる．$t(7, 0·05)=2·365$, $t(8·0, 0·05)=2·306$ だから，$t(7·7, 0·05)=2·306 \times 0·7+2·365 \times 0·3=2·324$〔または $2·306+(2·365-2·306) \times 0·3=2·324$〕 $\therefore t\sqrt{V}/\sqrt{n}=2·324 \times 11·95/3·16=8·78$．差 $|\bar{x}-50|=1·8$ はこれより小さいから有意でない．仮説 $H_0$ は捨てられない（有意水準 5%）．

**例2**．$n=4$, $k=25$, $\bar{x}=49·48$, $\bar{R}=19·28$ のとき，$\phi=68·7$, $c=2·06$ となり，$120/\phi=1·75$ だから，$120/\phi=2$ に対する $t(60, 0·05)=2·000$ と，$120/\phi=1$ に対する $t(120, 0·05)=1·980$ とを用いて，$t(68·7, 0·05)=2·000 \times 0·75+1·980 \times 0·25$ 〔または $1·980+0·020 \times 0·75$〕$=1·995$．それで，母平均 $\mu$ の信頼率 95% 信頼限界は $49·48 \pm 1·995 \times 19·28/(2·06 \times \sqrt{100})=49·48 \pm 1·87=51·35, 47·61$．

## 23. z 変換図表

$$z = \frac{1}{2}\ln\frac{1+r}{1-r} = \tanh^{-1} r, \quad r = \tanh z$$

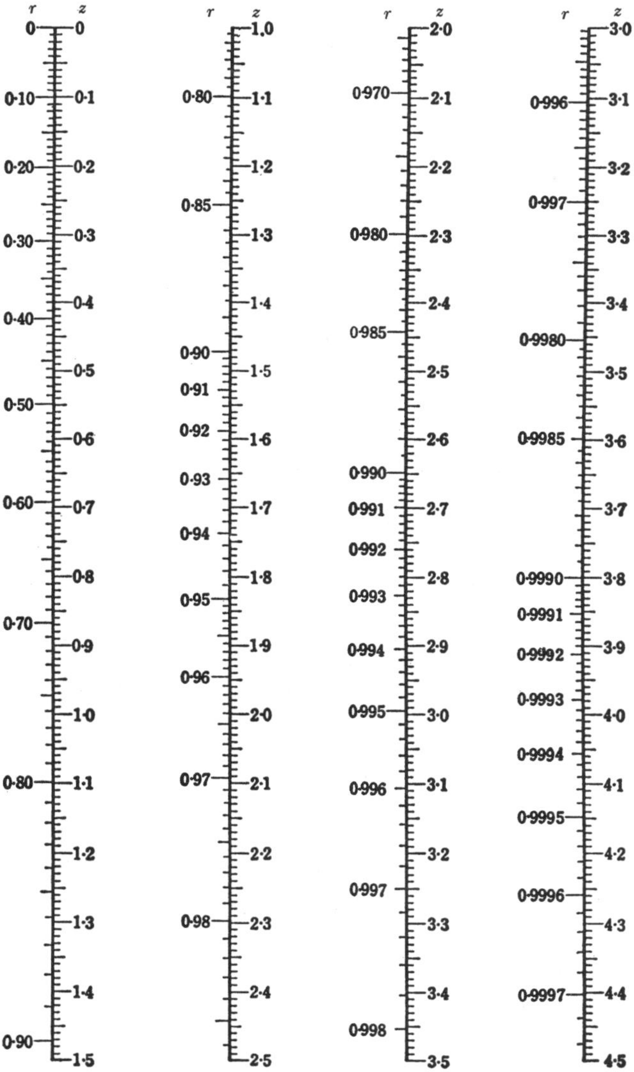

$$\Delta z = \frac{1\cdot 96}{\sqrt{n-3}}$$

図上で母相関係数に対する信頼率95％信頼限界を求めるための補助尺.

**使いかたの例:**
25(c)の例の場合, $n=20$ に対する $\Delta z$ の長さをディバイダにとって, 左の $r=0\cdot 675$ から上下に $\Delta z$ だけへだたった点の $r$ をよむと, $r=0\cdot 331$ および $r=0\cdot 861$ が得られる.

例1. $r=0\cdot 675$ に対する $z$ の値は $0\cdot 820$ である. [z 変換]
例2. $r=-0\cdot 675$ に対する $z$ の値は $-0\cdot 820$ である. [z 変換]
例3. $z=1\cdot 27$ に対する $r$ の値は $0\cdot 854$ である. [逆変換]
　注　z 変換の使いかたについては次のページの25(c)を見よ.

## 24. r 表

$\phi, P \longrightarrow r$

$$P = 2\int_r^1 \frac{(1-x^2)^{\frac{\phi}{2}-1}dx}{B\left(\frac{\phi}{2}, \frac{1}{2}\right)}$$

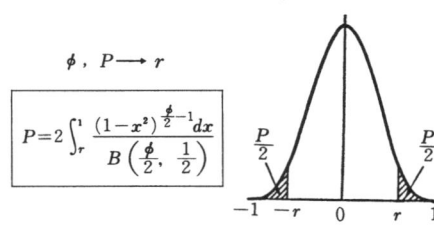

（自由度 $\phi$ の $r$ の両側確率 $P$ の点）

| $\phi$ \ $P$ | 0.10 | 0.05 | 0.02 | 0.01 |
|---|---|---|---|---|
| 10 | .4973 | .5760 | .6581 | .7079 |
| 11 | .4762 | .5529 | .6339 | .6835 |
| 12 | .4575 | .5324 | .6120 | .6614 |
| 13 | .4409 | .5140 | .5923 | .6411 |
| 14 | .4259 | .4973 | .5742 | .6226 |
| 15 | .4124 | .4821 | .5577 | .6055 |
| 16 | .4000 | .4683 | .5425 | .5897 |
| 17 | .3887 | .4555 | .5285 | .5751 |
| 18 | .3783 | .4438 | .5155 | .5614 |
| 19 | .3687 | .4329 | .5034 | .5487 |
| 20 | .3598 | .4227 | .4921 | .5368 |
| 25 | .3233 | .3809 | .4451 | .4869 |
| 30 | .2960 | .3494 | .4093 | .4487 |
| 35 | .2746 | .3246 | .3810 | .4182 |
| 40 | .2573 | .3044 | .3578 | .3932 |
| 50 | .2306 | .2732 | .3218 | .3542 |
| 60 | .2108 | .2500 | .2948 | .3248 |
| 70 | .1954 | .2319 | .2737 | .3017 |
| 80 | .1829 | .2172 | .2565 | .2830 |
| 90 | .1726 | .2050 | .2422 | .2673 |
| 100 | .1638 | .1946 | .2301 | .2540 |
| 近似式 | $\dfrac{1.645}{\sqrt{\phi+1}}$ | $\dfrac{1.960}{\sqrt{\phi+1}}$ | $\dfrac{2.326}{\sqrt{\phi+2}}$ | $\dfrac{2.576}{\sqrt{\phi+3}}$ |

**例** 自由度 $\phi=30$ の場合の両側 5% の点は 0.3494 である.

**注** 自由度のとり方については **25** を見よ. この表から読んだ値を $r(\phi, P)$ と記す.

## 25. r 表と z 変換図表の使いかた

これらは相関係数に関する検定, 推定に用いられる. 〔仮説: $\rho=0$ の検定には $r$ 表, その他一般の場合には $z$ 変換図表が利用できる.〕

**(a) 相関係数の有意性の検定**

二次元正規母集団からとった $n$ 対のサンプル $(x_1, y_1), \cdots, (x_n, y_n)$ から標本相関係数

$$r = \frac{\sum_{i=1}^n (x_i-\bar{x})(y_i-\bar{y})}{\sqrt{\sum_{i=1}^n (x_i-\bar{x})^2 \sum_{i=1}^n (y_i-\bar{y})^2}}$$

を計算すると, 仮説 $H_0: \rho=0$〔$\rho$ は母相関係数〕の検定は, $|r| \geq r(n-2, \alpha)$ のときに $H_0$ を捨てればよい〔有意水準 $\alpha$〕.

**例** $n=20, r=-0.675$ のとき自由度 $\phi=18$ となり, $r(18, 0.05)=.4438, r(18, 0.01)=.5614$ だから, $|r|=0.675$ は有意水準 1% で有意である.

**(b) 偏相関係数の有意性の検定**

標本偏相関係数 $r_{12 \cdot 3 \cdots k}$ を用いて, 仮説 $H_0: \rho_{12 \cdot 3 \cdots k}$〔母偏双関係数〕$=0$ を検定する規則は, $|r_{12 \cdot 3 \cdots k}| \geq r(n-k, \alpha)$ なら $H_0$ を捨てることとする〔有意水準 $\alpha$〕.

**(c) 母相関係数の信頼限界**

相関係数 $\rho$ なる二次元正規母集団から得た大きさ $n$ のサンプルの標本相関係数を $r$ とし, $z$ 変換: $r \to z = \tanh^{-1} r, \rho \to \zeta = \tanh^{-1} \rho$ を行うと, $z$ は近似的に平均 $\zeta$, 標準偏差 $1/\sqrt{n-3}$ の正規分布をする. したがって $\zeta$ の信頼率 95% 信頼限界は $z \pm 1.96/\sqrt{n-3}$ で与えられる. これを逆変換で $\rho$ にもどせば $\rho$ の信頼限界が得られる.

**例** $n=20, r=-0.675$ のときは, $z=-0.820$, $1/\sqrt{n-3}=1/\sqrt{17}=0.243$, $\zeta$ の 95% 信頼限界は $-0.820 \pm 1.96 \times 0.243 = -0.820 \pm 0.476 = -0.344, -1.296$.

これを逆変換でもどすと, $\rho$ の信頼率 95% 信頼限界は $-0.331, -0.861$ と求められる.

## 26. 異常値の検定

| α \ n | 0.05 | 0.025 | 0.01 | 0.005 |
|---|---|---|---|---|
| 3 | 1.153 | 1.155 | 1.155 | 1.155 |
| 4 | 1.463 | 1.481 | 1.492 | 1.496 |
| 5 | 1.672 | 1.715 | 1.749 | 1.764 |
| 6 | 1.822 | 1.887 | 1.944 | 1.973 |
| 7 | 1.938 | 2.020 | 2.097 | 2.139 |
| 8 | 2.032 | 2.126 | 2.221 | 2.274 |
| 9 | 2.110 | 2.215 | 2.323 | 2.387 |
| 10 | 2.176 | 2.290 | 2.410 | 2.482 |
| 11 | 2.234 | 2.355 | 2.485 | 2.564 |
| 12 | 2.285 | 2.412 | 2.550 | 2.636 |
| 13 | 2.331 | 2.462 | 2.607 | 2.699 |
| 14 | 2.371 | 2.507 | 2.659 | 2.755 |
| 15 | 2.409 | 2.549 | 2.705 | 2.806 |
| 16 | 2.443 | 2.585 | 2.747 | 2.852 |
| 17 | 2.475 | 2.620 | 2.785 | 2.894 |
| 18 | 2.504 | 2.651 | 2.821 | 2.932 |
| 19 | 2.532 | 2.681 | 2.854 | 2.968 |
| 20 | 2.557 | 2.709 | 2.884 | 3.001 |
| 21 | 2.580 | 2.733 | 2.912 | 3.031 |
| 22 | 2.603 | 2.758 | 2.939 | 3.060 |
| 23 | 2.624 | 2.781 | 2.963 | 3.087 |
| 24 | 2.644 | 2.802 | 2.987 | 3.112 |
| 25 | 2.663 | 2.822 | 3.009 | 3.135 |
| 26 | 2.681 | 2.841 | 3.029 | 3.157 |
| 27 | 2.698 | 2.859 | 3.049 | 3.178 |
| 28 | 2.714 | 2.876 | 3.068 | 3.199 |
| 29 | 2.730 | 2.893 | 3.085 | 3.218 |
| 30 | 2.745 | 2.908 | 3.103 | 3.236 |
| 31 | 2.759 | 2.924 | 3.119 | 3.253 |
| 32 | 2.773 | 2.938 | 3.135 | 3.270 |
| 33 | 2.786 | 2.952 | 3.150 | 3.286 |
| 34 | 2.799 | 2.965 | 3.164 | 3.301 |
| 35 | 2.811 | 2.979 | 3.178 | 3.316 |
| 36 | 2.823 | 2.991 | 3.191 | 3.330 |
| 37 | 2.835 | 3.003 | 3.204 | 3.343 |
| 38 | 2.846 | 3.014 | 3.216 | 3.356 |
| 39 | 2.857 | 3.025 | 3.228 | 3.369 |
| 40 | 2.866 | 3.036 | 3.240 | 3.381 |
| 50 | 2.956 | 3.128 | 3.336 | 3.483 |
| 60 | 3.025 | 3.199 | 3.411 | 3.560 |
| 70 | 3.082 | 3.257 | 3.471 | 3.622 |
| 80 | 3.130 | 3.305 | 3.521 | 3.673 |
| 90 | 3.171 | 3.347 | 3.563 | 3.716 |
| 100 | 3.207 | 3.383 | 3.600 | 3.754 |

正規分布に従うと思われるデータについて，異常値の有無を検定する際に用いる．サンプルの大きさが $n$ のとき，小さいものから順に並べかえて，$x_{(1)}, x_{(2)}, \cdots, x_{(n)}$ とする．異常値と疑われるデータも含めた全データから計算される平均値 $\bar{x}$，分散 $V$ を用いて最大値 $x_{(n)}$ または最小値 $x_{(1)}$ を検定する．

最大値の検定には $T=(x_{(n)}-\bar{x})/\sqrt{V}$ を用いる．$T$ と表の値 $G(n, \alpha)$ とを比較して $T \geq G(n, \alpha)$ なら異常値とみなす〔有意水準 $\alpha$〕．

最小値を検定するときは $T=(\bar{x}-x_{(1)})/\sqrt{V}$ を用いる．

この検定を Grubbs の検定という．

**例** 10個のデータ，12，−17，9，1，−23，7，−5，−2，6，46を得た．最大値46が異常値かどうか検定する．$\bar{x}=3.4$，$V=350.9$，$x_{(n)}=46$ から $T=2.274$ となる．$G(10, 0.05)=2.176$ であるから有意水準5％で有意．

**注** 疑わしい値が2つ以上の場合には，p.23〜24に示す Shapiro-Wilk の方法を用いることができる．

## 27. 正規性の検定（I）

同一母集団からの独立で大きさ $n$ のサンプル $x_1, x_2, \cdots, x_n$ から計算される歪度 $\sqrt{b_1} = \sqrt{n}\sum(x_i-\bar{x})^3/\{\sum(x_i-\bar{x})^2\}^{3/2}$ と尖度 $b_2 = n\sum(x_i-\bar{x})^4/\{\sum(x_i-\bar{x})^2\}^2$ により，その母集団が正規分布かどうかを検定するときに用いる．（$\sqrt{b_1}$ は歪度を表わす記号で，負の値をとることもある．）

**$\sqrt{b_1}$ の検定のための表**：大きさ $n$ のサンプルから計算された $\sqrt{b_1}$ を表の値 $B_1(n, \alpha)$ と比較する．サンプルから得られたヒストグラムが右にすそをひいているとき，$\sqrt{b_1} > B_1(n, \alpha)$ であれば有意〔有意水準 $\alpha$〕，左にすそをひいているときは $\sqrt{b_1} \leq -B_1(n, \alpha)$ であれば有意．

| $n$ \ $\alpha$ | ·10 | ·05 | ·025 | ·010 | $n$ \ $\alpha$ | ·10 | ·05 | ·025 | ·010 |
|---|---|---|---|---|---|---|---|---|---|
| 30 | ·505 | ·664 | ·810 | ·990 | 350 | ·166 | ·213 | ·255 | ·305 |
| 35 | ·475 | ·623 | ·758 | ·925 | 400 | ·155 | ·200 | ·239 | ·285 |
| 40 | ·450 | ·588 | ·714 | ·871 | 450 | ·146 | ·189 | ·225 | ·269 |
| 45 | ·428 | ·559 | ·678 | ·825 | 500 | ·139 | ·179 | ·214 | ·255 |
| 50 | ·409 | ·533 | ·646 | ·786 | 550 | ·133 | ·171 | ·204 | ·243 |
| 60 | ·378 | ·492 | ·595 | ·722 | 600 | ·127 | ·164 | ·195 | ·233 |
| 70 | ·353 | ·459 | ·554 | ·671 | 650 | ·122 | ·157 | ·188 | ·224 |
| 80 | ·333 | ·432 | ·521 | ·630 | 700 | ·118 | ·152 | ·181 | ·216 |
| 90 | ·315 | ·409 | ·493 | ·595 | 750 | ·114 | ·146 | ·175 | ·208 |
| 100 | ·300 | ·389 | ·469 | ·565 | 800 | ·110 | ·142 | ·169 | ·202 |
| 150 | ·249 | ·321 | ·386 | ·464 | 850 | ·107 | ·138 | ·164 | ·196 |
| 200 | ·217 | ·280 | ·336 | ·402 | 900 | ·104 | ·134 | ·160 | ·190 |
| 250 | ·195 | ·251 | ·301 | ·360 | 950 | ·101 | ·130 | ·156 | ·185 |
| 300 | ·178 | ·230 | ·275 | ·329 | 1000 | ·099 | ·127 | ·152 | ·180 |

**$b_2$ の検定のための表**：大きさ $n$ のサンプルから計算された $b_2$ を表の値 $B_2(n, \alpha)$ と比較する．$b_2 \geq B_2(n, \alpha/2)$ または $b_2 \leq B_2(n, 1-\alpha/2)$ であれば有意〔有意水準 $\alpha$〕．

| $n$ \ $\alpha$ | ·99 | ·95 | ·05 | ·01 | $n$ \ $\alpha$ | ·99 | ·95 | ·05 | ·01 |
|---|---|---|---|---|---|---|---|---|---|
| 50 | 1·95 | 2·15 | 3·99 | 4·88 | 700 | 2·62 | 2·72 | 3·31 | 3·50 |
| 75 | 2·08 | 2·27 | 3·87 | 4·59 | 800 | 2·65 | 2·74 | 3·29 | 3·46 |
| 100 | 2·18 | 2·35 | 3·77 | 4·39 | 900 | 2·66 | 2·75 | 3·28 | 3·43 |
| 125 | 2·24 | 2·40 | 3·71 | 4·24 | 1000 | 2·68 | 2·76 | 3·26 | 3·41 |
| 150 | 2·29 | 2·45 | 3·65 | 4·13 | | | | | |
| 200 | 2·37 | 2·51 | 3·57 | 3·98 | 1200 | 2·71 | 2·78 | 3·24 | 3·37 |
| 250 | 2·42 | 2·55 | 3·52 | 3·87 | 1400 | 2·72 | 2·80 | 3·22 | 3·34 |
| 300 | 2·46 | 2·59 | 3·47 | 3·79 | 1600 | 2·74 | 2·81 | 3·21 | 3·32 |
| 350 | 2·50 | 2·62 | 3·44 | 3·72 | 1800 | 2·76 | 2·82 | 3·20 | 3·30 |
| 400 | 2·52 | 2·64 | 3·41 | 3·67 | 2000 | 2·77 | 2·83 | 3·18 | 3·28 |
| 450 | 2·55 | 2·66 | 3·39 | 3·63 | 2500 | 2·79 | 2·85 | 3·16 | 3·25 |
| 500 | 2·57 | 2·67 | 3·37 | 3·60 | 3000 | 2·81 | 2·86 | 3·15 | 3·22 |
| 550 | 2·58 | 2·69 | 3·35 | 3·57 | 3500 | 2·82 | 2·87 | 3·14 | 3·21 |
| 600 | 2·60 | 2·70 | 3·34 | 3·54 | 4000 | 2·83 | 2·88 | 3·13 | 3·19 |
| 650 | 2·61 | 2·71 | 3·33 | 3·52 | 4500 | 2·84 | 2·88 | 3·12 | 3·18 |
| | | | | | 5000 | 2·85 | 2·89 | 3·12 | 3·17 |

## 28. 正規性の検定（II）

同一の母集団からの独立で大きさ $n$ のサンプルを $x_{(1)} \leq x_{(2)} \leq \cdots \leq x_{(n)}$ とする．これによりその母集団が正規分布かどうかを検定する Shapiro-Wilk の検定統計量 $W$ を計算するための係数 $a_i$ を与える．

### (1) Shapiro-Wilk の検定統計量 $W$ を計算するための係数 $a_i$ の表

サンプルの大きさ $n$ に対応する列の $a_i$ を用いて，次式により $W$ を求める．

$$W = \left\{ \sum_{i=1}^{[n/2]} a_i (x_{(n-i+1)} - x_{(i)}) \right\}^2 / \sum_{i=1}^{n} (x_i - \bar{x})^2$$

| $i$ \ $n$ | 2 | 3 | 4 | 5 | 6 | 7 | 8 | 9 | 10 |
|---|---|---|---|---|---|---|---|---|---|
| 1 | ·7071 | ·7071 | ·6872 | ·6646 | ·6431 | ·6233 | ·6052 | ·5888 | ·5739 |
| 2 | — | ·0000 | ·1677 | ·2413 | ·2806 | ·3031 | ·3164 | ·3244 | ·3291 |
| 3 | — | — | — | ·0000 | ·0875 | ·1401 | ·1743 | ·1976 | ·2141 |
| 4 | — | — | — | — | — | ·0000 | ·0561 | ·0947 | ·1224 |
| 5 | — | — | — | — | — | — | — | ·0000 | ·0399 |

| $i$ \ $n$ | 11 | 12 | 13 | 14 | 15 | 16 | 17 | 18 | 19 | 20 |
|---|---|---|---|---|---|---|---|---|---|---|
| 1 | ·5601 | ·5475 | ·5359 | ·5251 | ·5150 | ·5056 | ·4968 | ·4886 | ·4808 | ·4734 |
| 2 | ·3315 | ·3325 | ·3325 | ·3318 | ·3306 | ·3290 | ·3273 | ·3253 | ·3232 | ·3211 |
| 3 | ·2260 | ·2347 | ·2412 | ·2460 | ·2495 | ·2521 | ·2540 | ·2553 | ·2561 | ·2565 |
| 4 | ·1429 | ·1586 | ·1707 | ·1802 | ·1878 | ·1939 | ·1988 | ·2027 | ·2059 | ·2085 |
| 5 | ·0695 | ·0922 | ·1099 | ·1240 | ·1353 | ·1447 | ·1524 | ·1587 | ·1641 | ·1686 |
| 6 | ·0000 | ·0303 | ·0539 | ·0727 | ·0880 | ·1005 | ·1109 | ·1197 | ·1271 | ·1334 |
| 7 | — | — | ·0000 | ·0240 | ·0433 | ·0593 | ·0725 | ·0837 | ·0932 | ·1013 |
| 8 | — | — | — | — | ·0000 | ·0196 | ·0359 | ·0496 | ·0612 | ·0711 |
| 9 | — | — | — | — | — | — | ·0000 | ·0163 | ·0303 | ·0422 |
| 10 | — | — | — | — | — | — | — | — | ·0000 | ·0140 |

| $i$ \ $n$ | 21 | 22 | 23 | 24 | 25 | 26 | 27 | 28 | 29 | 30 |
|---|---|---|---|---|---|---|---|---|---|---|
| 1 | ·4643 | ·4590 | ·4542 | ·4493 | ·4450 | ·4407 | ·4366 | ·4328 | ·4291 | ·4254 |
| 2 | ·3185 | ·3156 | ·3126 | ·3098 | ·3069 | ·3043 | ·3018 | ·2992 | ·2968 | ·2944 |
| 3 | ·2578 | ·2571 | ·2563 | ·2554 | ·2543 | ·2533 | ·2522 | ·2510 | ·2499 | ·2487 |
| 4 | ·2119 | ·2131 | ·2139 | ·2145 | ·2148 | ·2151 | ·2152 | ·2151 | ·2150 | ·2148 |
| 5 | ·1736 | ·1764 | ·1787 | ·1807 | ·1822 | ·1836 | ·1848 | ·1857 | ·1864 | ·1870 |
| 6 | ·1399 | ·1443 | ·1480 | ·1512 | ·1539 | ·1563 | ·1584 | ·1601 | ·1616 | ·1630 |
| 7 | ·1092 | ·1150 | ·1201 | ·1245 | ·1283 | ·1316 | ·1346 | ·1372 | ·1395 | ·1415 |
| 8 | ·0804 | ·0878 | ·0941 | ·0997 | ·1046 | ·1089 | ·1128 | ·1162 | ·1192 | ·1219 |
| 9 | ·0530 | ·0618 | ·0696 | ·0764 | ·0823 | ·0876 | ·0923 | ·0965 | ·1002 | ·1036 |
| 10 | ·0263 | ·0368 | ·0459 | ·0539 | ·0610 | ·0672 | ·0728 | ·0778 | ·0822 | ·0862 |
| 11 | ·0000 | ·0122 | ·0228 | ·0321 | ·0403 | ·0476 | ·0540 | ·0598 | ·0650 | ·0697 |
| 12 | — | — | ·0000 | ·0107 | ·0200 | ·0284 | ·0358 | ·0424 | ·0483 | ·0537 |
| 13 | — | — | — | — | ·0000 | ·0094 | ·0178 | ·0253 | ·0320 | ·0381 |
| 14 | — | — | — | — | — | — | ·0000 | ·0084 | ·0159 | ·0227 |
| 15 | — | — | — | — | — | — | — | — | ·0000 | ·0076 |

**例** 10個のデータ，11，28，94，15，52，77，55，33，62，2 について Shapiro-Wilk の統計量 $W$ を求める．データを小さいものから順に並べて，2，11，15，28，33，52，55，62，77，94 とする．$n=10$ から，$a_1=0.5739$，$a_2=0.3291$，$a_3=0.2141$，$a_4=0.1224$，$a_5=0.0399$ である．

$\sum_{i=1}^{n}(x_i-\bar{x})^2 = 8156.9$ から

$W = \{0.5739 \times (94-2) + 0.3291 \times (77-11) + 0.2141 \times (62-15) + 0.1224 \times (55-28) + 0.0399(52-33)\}^2 / 8156.9 = 0.9633$ となる．

(2) Shapiro-Wilk の検定統計量 $W$ の検定のための表

大きさ $n$ のサンプルから計算された $W$ を表の値 $W(n, \alpha)$ と比較する。$W \leq W(n, \alpha)$ であれば有意水準 $\alpha$ で有意。

| $n$ \ $\alpha$ | 0.01 | 0.02 | 0.05 | 0.10 |
|---|---|---|---|---|
| 3 | ·753 | ·756 | ·767 | ·789 |
| 4 | ·687 | ·707 | ·748 | ·792 |
| 5 | ·686 | ·715 | ·762 | ·806 |
| 6 | ·713 | ·743 | ·788 | ·826 |
| 7 | ·730 | ·760 | ·803 | ·838 |
| 8 | ·749 | ·778 | ·818 | ·851 |
| 9 | ·764 | ·791 | ·829 | ·859 |
| 10 | ·781 | ·806 | ·842 | ·869 |
| 11 | ·792 | ·817 | ·850 | ·876 |
| 12 | ·805 | ·828 | ·859 | ·883 |
| 13 | ·814 | ·837 | ·866 | ·889 |
| 14 | ·825 | ·846 | ·874 | ·895 |
| 15 | ·835 | ·855 | ·881 | ·901 |
| 16 | ·844 | ·863 | ·887 | ·906 |
| 17 | ·851 | ·869 | ·892 | ·910 |
| 18 | ·858 | ·874 | ·897 | ·914 |
| 19 | ·863 | ·879 | ·901 | ·917 |
| 20 | ·868 | ·884 | ·905 | ·920 |
| 21 | ·873 | ·888 | ·908 | ·923 |
| 22 | ·878 | ·892 | ·911 | ·926 |
| 23 | ·881 | ·895 | ·914 | ·928 |
| 24 | ·884 | ·898 | ·916 | ·930 |
| 25 | ·888 | ·901 | ·918 | ·931 |
| 26 | ·891 | ·904 | ·920 | ·933 |
| 27 | ·894 | ·906 | ·923 | ·935 |
| 28 | ·896 | ·908 | ·924 | ·936 |
| 29 | ·898 | ·910 | ·926 | ·937 |
| 30 | ·900 | ·912 | ·927 | ·939 |

**例** 10個のデータについてもとめた Shapiro-Wilk の統計量 $W$ を検定する。$W = 0.9633 > W(10, 0.10) = 0.869$ より、有意でない。

## 29. 正規確率紙の使いかた

正規確率紙は、データをグラフ化することにより正規性の有無を視覚的に判断するのに用いる。正規分布と判断されたとき、その母集団の平均値や標準偏差を推定できる。

**手順1** データがクラス分けしてある場合はその累積相対度数により、個々のデータが与えられている場合は平均ランク $i/(n+1)$ またはメディアンランクより各 $x_i$ に対する累積確率 $F(x_i)$ を求める。

**手順2** $x$ 軸に目盛りをつける。

**手順3** $x_i$ に対する $F(x_i)$ を正規確率紙上にプロットして直線をあてはめる。

**手順4** プロットした点がほぼ直線上にあれば正規分布とみなす。

**手順5** 正規分布とみなせる場合は以下の手順で平均と標準偏差を求める。

平均値 $\hat{\mu}$ は $F(x) = 50\%$ に対する $x$ の値である。

標準偏差 $\hat{\sigma}$ は $F(x) = 15.87\%$ に対する $x$ の値が $\mu - \sigma$ であるから、この値と $\hat{\mu}$ との差から求める。

## 30. 正規確率紙

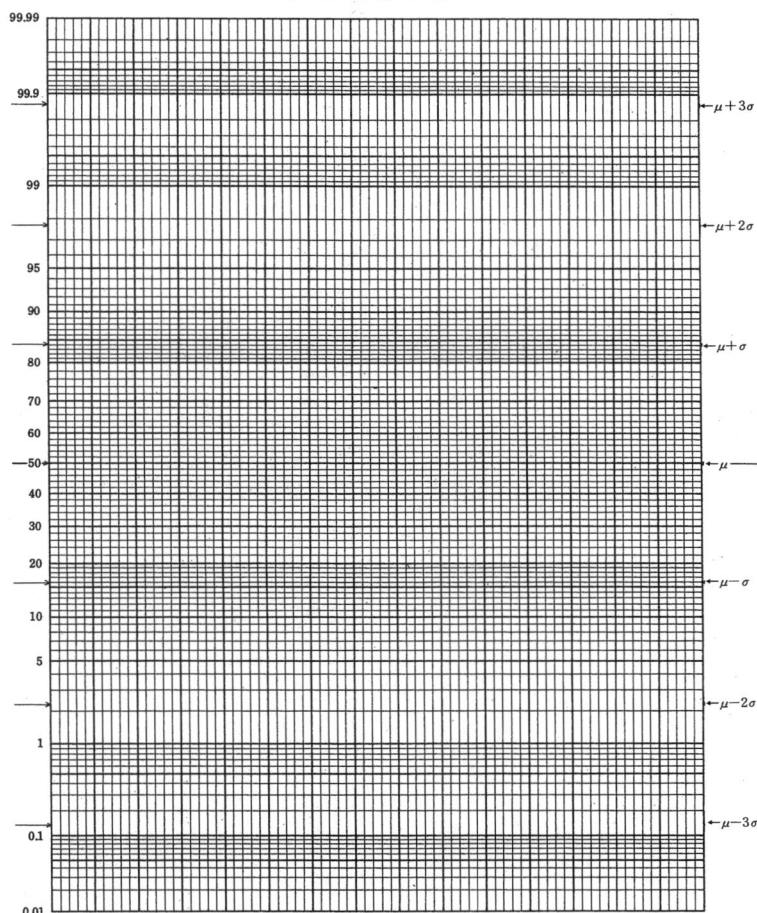

**例** データ 68, 30, 60, 62, 49, 60, 40, 47, 54, 48 は正規分布とみなせるか．また $\hat{\mu}$ と $\hat{\sigma}$ を求める．

データを数値の小さい方から順に並べかえメディアンランク(→**33**)を求める．

| $i$ | 1 | 2 | 3 | 4 | 5 | 6 | 7 | 8 | 9 | 10 |
|---|---|---|---|---|---|---|---|---|---|---|
| $x_{(i)}$ | 30 | 40 | 47 | 48 | 49 | 54 | 60 | 60 | 62 | 68 |
| メディアンランク $F(x_{(i)})$ | 6・7 | 16・2 | 25・9 | 35・5 | 45・2 | 54・8 | 64・5 | 74・1 | 83・8 | 93・3 |

$x_i$ に対する $F(x_{(i)})$ をプロットするとほぼ直線となるので正規分布とみなせる．
$\hat{\mu}=51\cdot 8$, $\hat{\sigma}=11\cdot 4$ が求まる．

### 31. 二項確率紙(符号検定用)

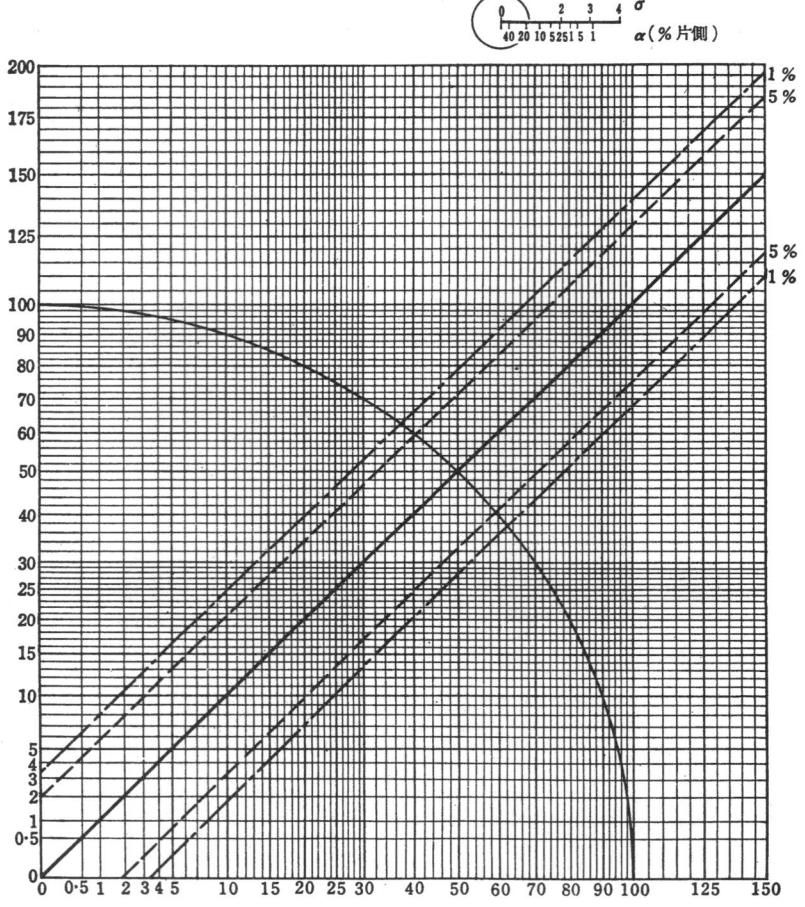

**注** 二項確率紙(推計紙)については〔12〕を見よ．この図は二項確率紙に符号検定(→**32**)のための線を入れたものである．

### 32. 符 号 検 定

＋－の符号が 50：50 の確率で現われると考えられるかどうかを検定する．
＋が $x$ 個，－が $y$ 個現われたとき，**31** の二項確率紙で，点 $(x, y)$ 〔もっと精密には，2点 $(x+1, y)$，$(x, y+1)$ のうち実線に近い方〕が点線の外にあれば有意水準 5％で有意，鎖線の外にあれば有意水準 1％で有意である．

**例** ＋が 30 個，－が 10 個なら有意水準 1％で有意；＋が 45 個，－が 55 個なら有意でない．

## 33. メディアンランク

分布関数を $F(x)$ とする母集団からの独立な大きさ $n$ のサンプルを $x_{(1)} \leq x_{(2)} \leq \cdots \leq x_{(n)}$ とするとき，$F(x_{(i)})$ ; $i=1, \cdots, n$ のメディアンランクを与える．$n>20$ のときは平均ランク $i/(n+1)$ を用いればよい．メディアンランクは正規確率紙，ワイブル確率紙の打点に用いられる．

| $i$ \ $n$ | 1 | 2 | 3 | 4 | 5 | 6 | 7 | 8 | 9 | 10 |
|---|---|---|---|---|---|---|---|---|---|---|
| 1 | ·500 | ·293 | ·206 | ·159 | ·129 | ·109 | ·094 | ·083 | ·074 | ·067 |
| 2 |  | ·707 | ·500 | ·386 | ·314 | ·264 | ·228 | ·201 | ·180 | ·162 |
| 3 |  |  | ·794 | ·614 | ·500 | ·421 | ·364 | ·321 | ·286 | ·259 |
| 4 |  |  |  | ·841 | ·686 | ·579 | ·500 | ·440 | ·393 | ·355 |
| 5 |  |  |  |  | ·871 | ·736 | ·636 | ·560 | ·500 | ·452 |
| 6 |  |  |  |  |  | ·891 | ·772 | ·679 | ·607 | ·548 |
| 7 |  |  |  |  |  |  | ·906 | ·799 | ·714 | ·645 |
| 8 |  |  |  |  |  |  |  | ·917 | ·820 | ·741 |
| 9 |  |  |  |  |  |  |  |  | ·926 | ·838 |
| 10 |  |  |  |  |  |  |  |  |  | ·933 |

| $i$ \ $n$ | 11 | 12 | 13 | 14 | 15 | 16 | 17 | 18 | 19 | 20 |
|---|---|---|---|---|---|---|---|---|---|---|
| 1 | ·061 | ·056 | ·052 | ·048 | ·045 | ·042 | ·040 | ·038 | ·036 | ·034 |
| 2 | ·148 | ·136 | ·126 | ·117 | ·109 | ·103 | ·097 | ·092 | ·087 | ·083 |
| 3 | ·236 | ·217 | ·200 | ·186 | ·174 | ·164 | ·154 | ·146 | ·138 | ·131 |
| 4 | ·324 | ·298 | ·275 | ·256 | ·239 | ·225 | ·212 | ·200 | ·190 | ·181 |
| 5 | ·412 | ·379 | ·350 | ·326 | ·305 | ·286 | ·269 | ·255 | ·242 | ·230 |
| 6 | ·500 | ·460 | ·425 | ·395 | ·370 | ·347 | ·327 | ·309 | ·293 | ·279 |
| 7 | ·588 | ·540 | ·500 | ·465 | ·435 | ·408 | ·385 | ·364 | ·345 | ·328 |
| 8 | ·676 | ·621 | ·575 | ·535 | ·500 | ·469 | ·442 | ·418 | ·397 | ·377 |
| 9 | ·764 | ·702 | ·650 | ·605 | ·565 | ·531 | ·500 | ·473 | ·448 | ·426 |
| 10 | ·852 | ·783 | ·725 | ·674 | ·630 | ·592 | ·558 | ·527 | ·500 | ·475 |
| 11 | ·939 | ·864 | ·800 | ·744 | ·695 | ·653 | ·615 | ·582 | ·552 | ·525 |
| 12 |  | ·944 | ·874 | ·814 | ·761 | ·714 | ·673 | ·636 | ·603 | ·574 |
| 13 |  |  | ·948 | ·883 | ·826 | ·775 | ·731 | ·691 | ·655 | ·623 |
| 14 |  |  |  | ·952 | ·891 | ·836 | ·788 | ·745 | ·707 | ·672 |
| 15 |  |  |  |  | ·955 | ·897 | ·846 | ·800 | ·758 | ·721 |
| 16 |  |  |  |  |  | ·958 | ·903 | ·854 | ·810 | ·770 |
| 17 |  |  |  |  |  |  | ·960 | ·908 | ·862 | ·819 |
| 18 |  |  |  |  |  |  |  | ·962 | ·913 | ·869 |
| 19 |  |  |  |  |  |  |  |  | ·964 | ·917 |
| 20 |  |  |  |  |  |  |  |  |  | ·966 |

## 34. ワイブル確率紙の使いかた

ワイブル確率紙は横軸に $x=\ln t$，縦軸に $y=\ln \ln \{1/[1-F(t)]\}$ を目盛ったもので，観測された寿命データがワイブル分布に従うかを判断し，さらに母数を推定するために用いる．まず，$n$ 個の寿命データ $t_{(1)} \leq \cdots \leq t_{(n)}$ に対するメディアンランクまたは平均ランクを $F(t_{(i)})$ とし，ワイブル確率紙にプロットする．プロットした点が直線にあてはまれば位置母数 $\gamma=0$ のワイブル分布に従う．

プロットした点にあてはめた直線を $\ell$ とする．この直線 $\ell$ に平行な直線 $\ell'$ を $(1, 0)$〔図中の〇印〕を通るようにひく．直線 $\ell'$ と $y$ 軸との交点の $y$ の値（右側目盛）の絶対値が形状母数 $m$ の推定値となる．また直線 $\ell$ と $x$ 軸との交点の $t$ 座標（下側目盛，$x$ の値に対応する $t$ の値）が尺度母数 $\eta$ の推定値となる．

## 35. ワイブル確率紙

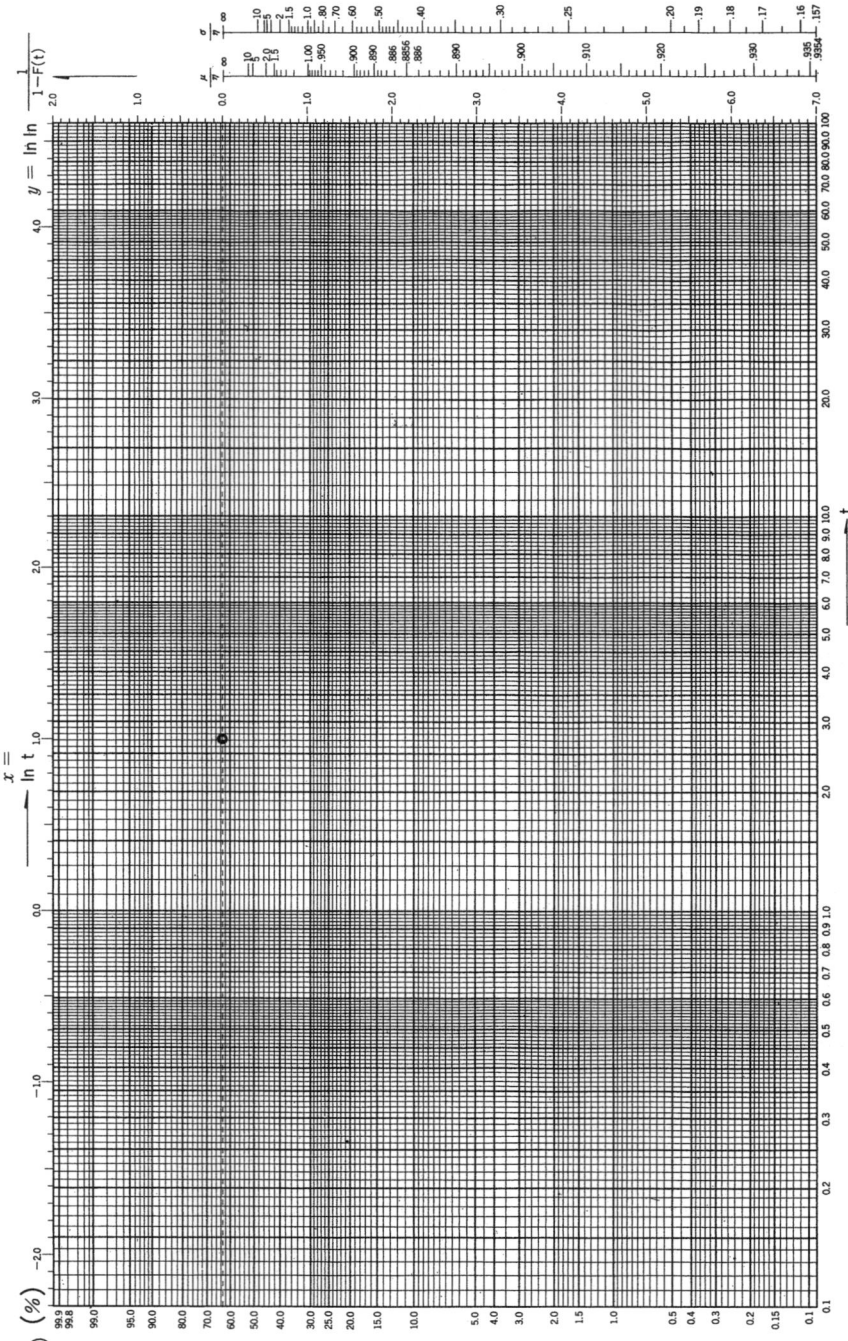

## 36. 直交多項式係数表 ($l=2 \sim 7$)

| 水準数 $l$ | 2 | 3 | | 4 | | | 5 | | | | 6 | | | | | 7 | | | | |
|---|---|---|---|---|---|---|---|---|---|---|---|---|---|---|---|---|---|---|---|---|
| 次数($k$) | (1) | (1) | (2) | (1) | (2) | (3) | (1) | (2) | (3) | (4) | (1) | (2) | (3) | (4) | (5) | (1) | (2) | (3) | (4) | (5) |
| $W_1$ | -1 | -1 | 1 | -3 | 1 | -1 | -2 | 2 | -1 | 1 | -5 | 5 | -5 | 1 | -1 | -3 | 5 | -1 | 3 | -1 |
| $W_2$ | 1 | 0 | -2 | -1 | -1 | 3 | -1 | -1 | 2 | -4 | -3 | -1 | 7 | -3 | 5 | -2 | 0 | 1 | -7 | 4 |
| $W_3$ | | 1 | 1 | 1 | -1 | -3 | 0 | -2 | 0 | 6 | -1 | -4 | 4 | 2 | -10 | -1 | -3 | 1 | 1 | -5 |
| $W_4$ | | | | 3 | 1 | 1 | 1 | -1 | -2 | -4 | 1 | -4 | -4 | 2 | 10 | 0 | -4 | 0 | 6 | 0 |
| $W_5$ | | | | | | | 2 | 2 | 1 | 1 | 3 | -1 | -7 | -3 | -5 | 1 | -3 | -1 | 1 | 5 |
| $W_6$ | | | | | | | | | | | 5 | 5 | 5 | 1 | 1 | 2 | 0 | -1 | -7 | -4 |
| $W_7$ | | | | | | | | | | | | | | | | 3 | 5 | 1 | 3 | 1 |
| $(\lambda^2 S)_k$ | 2 | 2 | 6 | 20 | 4 | 20 | 10 | 14 | 10 | 70 | 70 | 84 | 180 | 28 | 252 | 28 | 84 | 6 | 154 | 84 |
| $(\lambda S)_k$ | 1 | 2 | 2 | 10 | 4 | 6 | 10 | 14 | 12 | 24 | 35 | 56 | 108 | 48 | 120 | 28 | 84 | 36 | 264 | 240 |
| $(S)_k$ | $\frac{1}{2}$ | 2 | $\frac{2}{3}$ | 5 | 4 | $\frac{9}{5}$ | 10 | 14 | $\frac{72}{5}$ | $\frac{288}{35}$ | $\frac{35}{2}$ | $\frac{112}{3}$ | $\frac{324}{5}$ | $\frac{576}{7}$ | $\frac{400}{7}$ | 28 | 84 | 216 | $\frac{3168}{7}$ | $\frac{4800}{7}$ |
| $\lambda_k$ | 2 | 1 | 3 | 2 | 1 | $\frac{10}{3}$ | 1 | 1 | $\frac{5}{6}$ | $\frac{35}{12}$ | 2 | $\frac{3}{2}$ | $\frac{5}{3}$ | $\frac{7}{12}$ | $\frac{21}{10}$ | 1 | 1 | $\frac{1}{6}$ | $\frac{7}{12}$ | $\frac{7}{20}$ |

等間隔の変数 $x$ ($l$ 水準)に対して，それぞれ繰返し数の等しい特性値 $y$ が観測されている場合，つぎの直交多項式があてはまるものとする．

$$y = \beta_0 X_0(x) + \beta_1 X_1(x) + \beta_2 X_2(x) + \cdots + \beta_k X_k(x) \quad (\text{ただし } k_{\max} = l - 1)$$

ただし $X_0(x) = 1$

$X_1(x) = (x - \bar{x}) \qquad c : x$ の水準間隔

$$X_2(x) = \left\{ (x - \bar{x})^2 - \frac{l^2 - 1}{12} \cdot c^2 \right\}$$

$$X_3(x) = \left\{ (x - \bar{x})^3 - \frac{3l^2 - 7}{20} \cdot (x - \bar{x}) \cdot c^2 \right\}$$

$$X_4(x) = \left\{ (x - \bar{x})^4 - \frac{3l^2 - 13}{14} \cdot (x - \bar{x})^2 \cdot c^2 + \frac{3(l^2 - 1)(l^2 - 9)}{560} \cdot c^4 \right\}$$

$$X_5(x) = \left\{ (x - \bar{x})^5 - \frac{5(l^2 - 7)}{18} \cdot (x - \bar{x})^3 \cdot c^2 + \frac{15 l^4 - 230 l^2 + 407}{1008} \cdot (x - \bar{x}) \cdot c^4 \right\}$$

各 $x_i$ での観測値の和 $T_i$．(繰返し数 $r$) と上の係数表から，$\hat{\beta}_k$, $S_k$, $V(\hat{\beta}_k)$ を求める．

$$\hat{\beta}_0 = \bar{y} \qquad \hat{\beta}_k = \frac{\sum_i W_i T_i}{r(\lambda S)_k \cdot c^k} \qquad S_k = \frac{(\sum_i W_i T_i)^2}{r(\lambda^2 S)_k} \qquad V(\hat{\beta}_k) = \frac{\sigma^2}{r(S)_k \cdot c^{2k}} \quad (\hat{\sigma}^2 = V_e)$$

**例** 4水準，繰返し 3 の一元配置実験で，$c = 5$，$T_1. = 35$, $T_2. = 40$, $T_3. = 45$, $T_4. = 38$ に 2 次式をあてはめる場合；$\hat{\beta}_0 = 13 \cdot 167$

$$\hat{\beta}_1 = \frac{-3 \times 35 + (-1) \times 40 + 1 \times 45 + 3 \times 38}{3 \times 10 \times 5} = \frac{14}{150} = 0 \cdot 0933, \quad S_1 = \frac{14^2}{3 \times 20} = 3 \cdot 267, \quad V(\hat{\beta}_1) = \frac{\sigma^2}{3 \times 5 \times 5^2} = \frac{\sigma^2}{375}$$

$$\hat{\beta}_2 = \frac{1 \times 35 + (-1) \times 40 + (-1) \times 45 + 1 \times 38}{3 \times 4 \times 5^2} = \frac{-12}{300} = -0 \cdot 04, \quad S_2 = \frac{(-12)^2}{3 \times 4} = 12 \cdot 0, \quad V(\hat{\beta}_2) = \frac{\sigma^2}{3 \times 4 \times 5^4} = \frac{\sigma^2}{7500}$$

## 37. 直交配列表と線点図（Ⅰ）

### 1. 解　説

(a) 線点図は，基本的なわりつけのみを示す．
(b) 交互作用の表は，2列間の2因子交互作用を求めるためのものである．
(c) 直交表の各列の群別表示を線点図の中で次のような記号で示す．

| 群 | 記　号 | ただし，$L_{32}(2^{31})$ のときのみ |
|---|---|---|
| 1 群 | ○ | 1群と2群 |
| 2 群 | ◎ | 3 群 |
| 3 群 | ⊙ | 4 群 |
| 4 群 | ● | 5 群 |

### 2. $2^n$ 系

$L_4(2^3)$

| 列番 No. | 1 | 2 | 3 |
|---|---|---|---|
| 1 | 1 | 1 | 1 |
| 2 | 1 | 2 | 2 |
| 3 | 2 | 1 | 2 |
| 4 | 2 | 2 | 1 |
| 成分 | a | b | a b |
| | 1群 | 2群 | |

$L_4$ の線点図 (1)

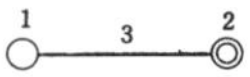

$L_8(2^7)$

| 列番 No. | 1 | 2 | 3 | 4 | 5 | 6 | 7 |
|---|---|---|---|---|---|---|---|
| 1 | 1 | 1 | 1 | 1 | 1 | 1 | 1 |
| 2 | 1 | 1 | 1 | 2 | 2 | 2 | 2 |
| 3 | 1 | 2 | 2 | 1 | 1 | 2 | 2 |
| 4 | 1 | 2 | 2 | 2 | 2 | 1 | 1 |
| 5 | 2 | 1 | 2 | 1 | 2 | 1 | 2 |
| 6 | 2 | 1 | 2 | 2 | 1 | 2 | 1 |
| 7 | 2 | 2 | 1 | 1 | 2 | 2 | 1 |
| 8 | 2 | 2 | 1 | 2 | 1 | 1 | 2 |
| 成分 | a | a b | b | a c | c | b c | a b c |
| | 1群 | 2群 | | 3群 | | | |

$L_8$ の線点図

(1)　　　　(2)

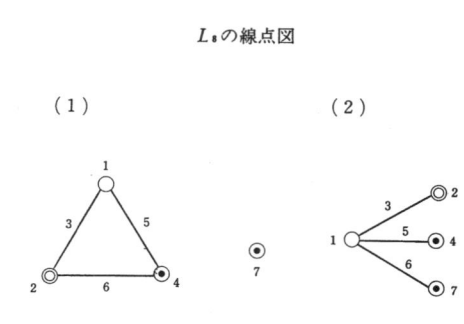

## 38. 直交配列表と線点図(Ⅱ)

$L_{16}(2^{15})$

| No. \ 列番 | 1 | 2 | 3 | 4 | 5 | 6 | 7 | 8 | 9 | 10 | 11 | 12 | 13 | 14 | 15 |
|---|---|---|---|---|---|---|---|---|---|---|---|---|---|---|---|
| 1  | 1 | 1 | 1 | 1 | 1 | 1 | 1 | 1 | 1 | 1 | 1 | 1 | 1 | 1 | 1 |
| 2  | 1 | 1 | 1 | 1 | 1 | 1 | 1 | 2 | 2 | 2 | 2 | 2 | 2 | 2 | 2 |
| 3  | 1 | 1 | 1 | 2 | 2 | 2 | 2 | 1 | 1 | 1 | 1 | 2 | 2 | 2 | 2 |
| 4  | 1 | 1 | 1 | 2 | 2 | 2 | 2 | 2 | 2 | 2 | 2 | 1 | 1 | 1 | 1 |
| 5  | 1 | 2 | 2 | 1 | 1 | 2 | 2 | 1 | 1 | 2 | 2 | 1 | 1 | 2 | 2 |
| 6  | 1 | 2 | 2 | 1 | 1 | 2 | 2 | 2 | 2 | 1 | 1 | 2 | 2 | 1 | 1 |
| 7  | 1 | 2 | 2 | 2 | 2 | 1 | 1 | 1 | 1 | 2 | 2 | 2 | 2 | 1 | 1 |
| 8  | 1 | 2 | 2 | 2 | 2 | 1 | 1 | 2 | 2 | 1 | 1 | 1 | 1 | 2 | 2 |
| 9  | 2 | 1 | 2 | 1 | 2 | 1 | 2 | 1 | 2 | 1 | 2 | 1 | 2 | 1 | 2 |
| 10 | 2 | 1 | 2 | 1 | 2 | 1 | 2 | 2 | 1 | 2 | 1 | 2 | 1 | 2 | 1 |
| 11 | 2 | 1 | 2 | 2 | 1 | 2 | 1 | 1 | 2 | 1 | 2 | 2 | 1 | 2 | 1 |
| 12 | 2 | 1 | 2 | 2 | 1 | 2 | 1 | 2 | 1 | 2 | 1 | 1 | 2 | 1 | 2 |
| 13 | 2 | 2 | 1 | 1 | 2 | 2 | 1 | 1 | 2 | 2 | 1 | 1 | 2 | 2 | 1 |
| 14 | 2 | 2 | 1 | 1 | 2 | 2 | 1 | 2 | 1 | 1 | 2 | 2 | 1 | 1 | 2 |
| 15 | 2 | 2 | 1 | 2 | 1 | 1 | 2 | 1 | 2 | 2 | 1 | 2 | 1 | 1 | 2 |
| 16 | 2 | 2 | 1 | 2 | 1 | 1 | 2 | 2 | 1 | 1 | 2 | 1 | 2 | 2 | 1 |
| 成分 | $a$ | $a$ $b$ | $b$ | $a$ $c$ | $c$ | $b$ $c$ | $b$ $c$ | $a$ $d$ | $d$ | $b$ $d$ | $b$ $d$ | $a$ $c$ $d$ | $c$ $d$ | $b$ $c$ $d$ | $b$ $c$ $d$ |
| | 1群 | 2群 | | 3群 | | | | 4群 | | | | | | | |

$L_{16}$ の線点図

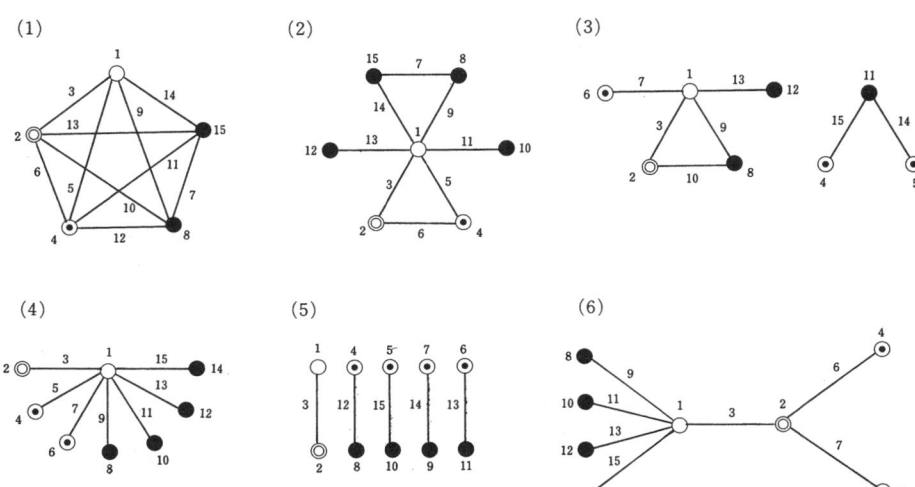

## 39. 直交配列表と線点図(III)

$$L_{32}(2^{31})$$

| No.\列番 | 1 | 2 | 3 | 4 | 5 | 6 | 7 | 8 | 9 | 10 | 11 | 12 | 13 | 14 | 15 | 16 | 17 | 18 | 19 | 20 | 21 | 22 | 23 | 24 | 25 | 26 | 27 | 28 | 29 | 30 | 31 |
|---|---|---|---|---|---|---|---|---|---|---|---|---|---|---|---|---|---|---|---|---|---|---|---|---|---|---|---|---|---|---|---|
| 1 | 1 | 1 | 1 | 1 | 1 | 1 | 1 | 1 | 1 | 1 | 1 | 1 | 1 | 1 | 1 | 1 | 1 | 1 | 1 | 1 | 1 | 1 | 1 | 1 | 1 | 1 | 1 | 1 | 1 | 1 | 1 |
| 2 | 1 | 1 | 1 | 1 | 1 | 1 | 1 | 1 | 1 | 1 | 1 | 1 | 1 | 1 | 1 | 2 | 2 | 2 | 2 | 2 | 2 | 2 | 2 | 2 | 2 | 2 | 2 | 2 | 2 | 2 | 2 |
| 3 | 1 | 1 | 1 | 1 | 1 | 1 | 1 | 2 | 2 | 2 | 2 | 2 | 2 | 2 | 2 | 1 | 1 | 1 | 1 | 1 | 1 | 1 | 1 | 2 | 2 | 2 | 2 | 2 | 2 | 2 | 2 |
| 4 | 1 | 1 | 1 | 1 | 1 | 1 | 1 | 2 | 2 | 2 | 2 | 2 | 2 | 2 | 2 | 2 | 2 | 2 | 2 | 2 | 2 | 2 | 2 | 1 | 1 | 1 | 1 | 1 | 1 | 1 | 1 |
| 5 | 1 | 1 | 1 | 2 | 2 | 2 | 2 | 1 | 1 | 1 | 1 | 2 | 2 | 2 | 2 | 1 | 1 | 1 | 1 | 2 | 2 | 2 | 2 | 1 | 1 | 1 | 1 | 2 | 2 | 2 | 2 |
| 6 | 1 | 1 | 1 | 2 | 2 | 2 | 2 | 1 | 1 | 1 | 1 | 2 | 2 | 2 | 2 | 2 | 2 | 2 | 2 | 1 | 1 | 1 | 1 | 2 | 2 | 2 | 2 | 1 | 1 | 1 | 1 |
| 7 | 1 | 1 | 1 | 2 | 2 | 2 | 2 | 2 | 2 | 2 | 2 | 1 | 1 | 1 | 1 | 1 | 1 | 1 | 1 | 2 | 2 | 2 | 2 | 2 | 2 | 2 | 2 | 1 | 1 | 1 | 1 |
| 8 | 1 | 1 | 1 | 2 | 2 | 2 | 2 | 2 | 2 | 2 | 2 | 1 | 1 | 1 | 1 | 2 | 2 | 2 | 2 | 1 | 1 | 1 | 1 | 1 | 1 | 1 | 1 | 2 | 2 | 2 | 2 |
| 9 | 1 | 2 | 2 | 1 | 1 | 2 | 2 | 1 | 1 | 2 | 2 | 1 | 1 | 2 | 2 | 1 | 1 | 2 | 2 | 1 | 1 | 2 | 2 | 1 | 1 | 2 | 2 | 1 | 1 | 2 | 2 |
| 10 | 1 | 2 | 2 | 1 | 1 | 2 | 2 | 1 | 1 | 2 | 2 | 1 | 1 | 2 | 2 | 2 | 2 | 1 | 1 | 2 | 2 | 1 | 1 | 2 | 2 | 1 | 1 | 2 | 2 | 1 | 1 |
| 11 | 1 | 2 | 2 | 1 | 1 | 2 | 2 | 2 | 2 | 1 | 1 | 2 | 2 | 1 | 1 | 1 | 1 | 2 | 2 | 1 | 1 | 2 | 2 | 2 | 2 | 1 | 1 | 2 | 2 | 1 | 1 |
| 12 | 1 | 2 | 2 | 1 | 1 | 2 | 2 | 2 | 2 | 1 | 1 | 2 | 2 | 1 | 1 | 2 | 2 | 1 | 1 | 2 | 2 | 1 | 1 | 1 | 1 | 2 | 2 | 1 | 1 | 2 | 2 |
| 13 | 1 | 2 | 2 | 2 | 2 | 1 | 1 | 1 | 1 | 2 | 2 | 2 | 2 | 1 | 1 | 1 | 1 | 2 | 2 | 2 | 2 | 1 | 1 | 1 | 1 | 2 | 2 | 2 | 2 | 1 | 1 |
| 14 | 1 | 2 | 2 | 2 | 2 | 1 | 1 | 1 | 1 | 2 | 2 | 2 | 2 | 1 | 1 | 2 | 2 | 1 | 1 | 1 | 1 | 2 | 2 | 2 | 2 | 1 | 1 | 1 | 1 | 2 | 2 |
| 15 | 1 | 2 | 2 | 2 | 2 | 1 | 1 | 2 | 2 | 1 | 1 | 1 | 1 | 2 | 2 | 1 | 1 | 2 | 2 | 2 | 2 | 1 | 1 | 2 | 2 | 1 | 1 | 1 | 1 | 2 | 2 |
| 16 | 1 | 2 | 2 | 2 | 2 | 1 | 1 | 2 | 2 | 1 | 1 | 1 | 1 | 2 | 2 | 2 | 2 | 1 | 1 | 1 | 1 | 2 | 2 | 1 | 1 | 2 | 2 | 2 | 2 | 1 | 1 |
| 17 | 2 | 1 | 2 | 1 | 2 | 1 | 2 | 1 | 2 | 1 | 2 | 1 | 2 | 1 | 2 | 1 | 2 | 1 | 2 | 1 | 2 | 1 | 2 | 1 | 2 | 1 | 2 | 1 | 2 | 1 | 2 |
| 18 | 2 | 1 | 2 | 1 | 2 | 1 | 2 | 1 | 2 | 1 | 2 | 1 | 2 | 1 | 2 | 2 | 1 | 2 | 1 | 2 | 1 | 2 | 1 | 2 | 1 | 2 | 1 | 2 | 1 | 2 | 1 |
| 19 | 2 | 1 | 2 | 1 | 2 | 1 | 2 | 2 | 1 | 2 | 1 | 2 | 1 | 2 | 1 | 1 | 2 | 1 | 2 | 2 | 1 | 2 | 1 | 2 | 1 | 2 | 1 | 1 | 2 | 1 | 2 |
| 20 | 2 | 1 | 2 | 1 | 2 | 1 | 2 | 2 | 1 | 2 | 1 | 2 | 1 | 2 | 1 | 2 | 1 | 2 | 1 | 1 | 2 | 1 | 2 | 1 | 2 | 1 | 2 | 2 | 1 | 2 | 1 |
| 21 | 2 | 1 | 2 | 2 | 1 | 2 | 1 | 1 | 2 | 2 | 1 | 1 | 2 | 2 | 1 | 1 | 2 | 2 | 1 | 1 | 2 | 2 | 1 | 1 | 2 | 2 | 1 | 1 | 2 | 2 | 1 |
| 22 | 2 | 1 | 2 | 2 | 1 | 2 | 1 | 1 | 2 | 2 | 1 | 1 | 2 | 2 | 1 | 2 | 1 | 1 | 2 | 1 | 2 | 2 | 1 | 2 | 1 | 1 | 2 | 2 | 1 | 1 | 2 |
| 23 | 2 | 1 | 2 | 2 | 1 | 2 | 1 | 2 | 1 | 1 | 2 | 2 | 1 | 1 | 2 | 1 | 2 | 2 | 1 | 2 | 1 | 1 | 2 | 2 | 1 | 1 | 2 | 1 | 2 | 1 | 2 |
| 24 | 2 | 1 | 2 | 2 | 1 | 2 | 1 | 2 | 1 | 1 | 2 | 2 | 1 | 1 | 2 | 2 | 1 | 1 | 2 | 1 | 2 | 2 | 1 | 1 | 2 | 2 | 1 | 2 | 1 | 2 | 1 |
| 25 | 2 | 2 | 1 | 1 | 2 | 2 | 1 | 1 | 2 | 1 | 2 | 2 | 1 | 2 | 1 | 1 | 2 | 2 | 1 | 2 | 1 | 1 | 2 | 1 | 2 | 2 | 1 | 2 | 1 | 2 | 1 |
| 26 | 2 | 2 | 1 | 1 | 2 | 2 | 1 | 1 | 2 | 1 | 2 | 2 | 1 | 2 | 1 | 2 | 1 | 1 | 2 | 1 | 2 | 2 | 1 | 2 | 1 | 1 | 2 | 1 | 2 | 1 | 2 |
| 27 | 2 | 2 | 1 | 1 | 2 | 2 | 1 | 2 | 1 | 2 | 1 | 1 | 2 | 1 | 2 | 1 | 2 | 2 | 1 | 2 | 1 | 1 | 2 | 2 | 1 | 1 | 2 | 1 | 2 | 1 | 2 |
| 28 | 2 | 2 | 1 | 1 | 2 | 2 | 1 | 2 | 1 | 2 | 1 | 1 | 2 | 1 | 2 | 2 | 1 | 1 | 2 | 1 | 2 | 2 | 1 | 1 | 2 | 2 | 1 | 2 | 1 | 2 | 1 |
| 29 | 2 | 2 | 1 | 2 | 1 | 1 | 2 | 1 | 2 | 2 | 1 | 2 | 1 | 1 | 2 | 1 | 2 | 2 | 1 | 1 | 2 | 2 | 1 | 2 | 1 | 2 | 1 | 2 | 1 | 1 | 2 |
| 30 | 2 | 2 | 1 | 2 | 1 | 1 | 2 | 1 | 2 | 2 | 1 | 2 | 1 | 1 | 2 | 2 | 1 | 1 | 2 | 2 | 1 | 1 | 2 | 1 | 2 | 1 | 2 | 1 | 2 | 2 | 1 |
| 31 | 2 | 2 | 1 | 2 | 1 | 1 | 2 | 2 | 1 | 1 | 2 | 1 | 2 | 2 | 1 | 1 | 2 | 2 | 1 | 2 | 1 | 1 | 2 | 2 | 1 | 1 | 2 | 2 | 1 | 1 | 2 |
| 32 | 2 | 2 | 1 | 2 | 1 | 1 | 2 | 2 | 1 | 1 | 2 | 1 | 2 | 2 | 1 | 2 | 1 | 1 | 2 | 1 | 2 | 2 | 1 | 1 | 2 | 2 | 1 | 1 | 2 | 2 | 1 |
| 成分 | a | a b | a b | a b c | c | a b c | c | a b c d | d | a b c d | d | a b c d | d | c d | c d | a b e | a b e | b e | b e | a b c e | c e | a b c e | c e | a b d e | d e | a b d e | d e | a b c d e | c d e | a b c d e | c d e |

1群　2群　　3群　　　　4群　　　　　　　　5群

$$L_{32}(2^{31}) \text{ 線点図}$$

(1)　(2)　(3)

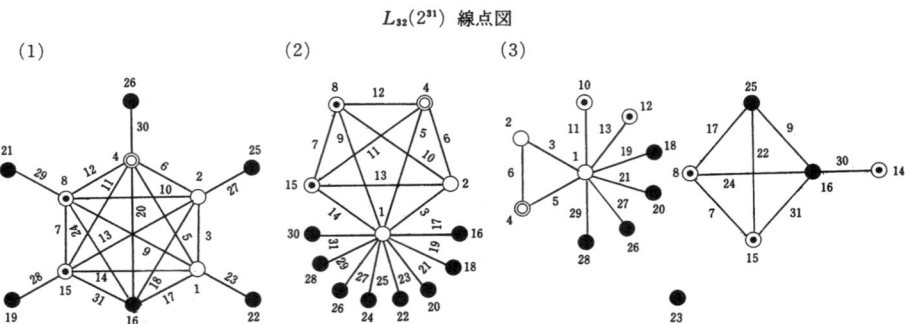

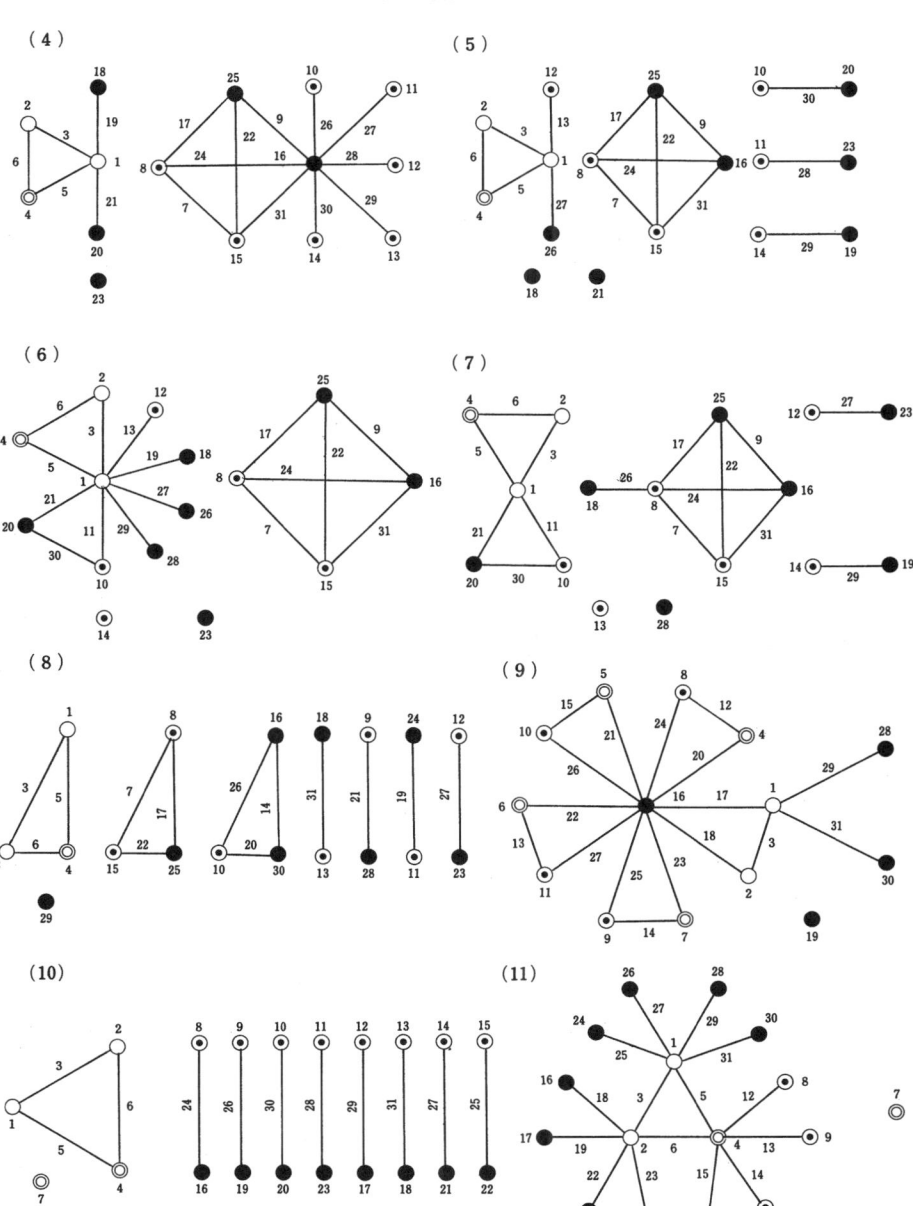

## 40. 直交配列表と線点図 (IV)

## 41. 直交配列表と線点図（Ⅴ）

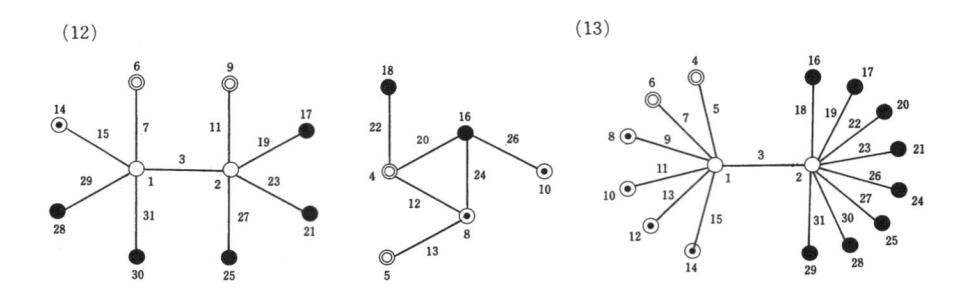

(12)

(13)

## 2列間の交互作用（2水準系）

| 列\列 | 1 | 2 | 3 | 4 | 5 | 6 | 7 | 8 | 9 | 10 | 11 | 12 | 13 | 14 | 15 | 16 | 17 | 18 | 19 | 20 | 21 | 22 | 23 | 24 | 25 | 26 | 27 | 28 | 29 | 30 | 31 |
|---|---|---|---|---|---|---|---|---|---|---|---|---|---|---|---|---|---|---|---|---|---|---|---|---|---|---|---|---|---|---|---|
| $L_8$ (1) | | 3 | 2 | 5 | 4 | 7 | 6 | 9 | 8 | 11 | 10 | 13 | 12 | 15 | 14 | 17 | 16 | 19 | 18 | 21 | 20 | 23 | 22 | 25 | 24 | 27 | 26 | 29 | 28 | 31 | 30 |
| (2) | | | 1 | 6 | 7 | 4 | 5 | 10 | 11 | 8 | 9 | 14 | 15 | 12 | 13 | 18 | 19 | 16 | 17 | 22 | 23 | 20 | 21 | 26 | 27 | 24 | 25 | 30 | 31 | 28 | 29 |
| (3) | | | | 7 | 6 | 5 | 4 | 11 | 10 | 9 | 8 | 15 | 14 | 13 | 12 | 19 | 18 | 17 | 16 | 23 | 22 | 21 | 20 | 27 | 26 | 25 | 24 | 31 | 30 | 29 | 28 |
| (4) | | | | | 1 | 2 | 3 | 12 | 13 | 14 | 15 | 8 | 9 | 10 | 11 | 20 | 21 | 22 | 23 | 16 | 17 | 18 | 19 | 28 | 29 | 30 | 31 | 24 | 25 | 26 | 27 |
| (5) | | | | | | 3 | 2 | 13 | 12 | 15 | 14 | 9 | 8 | 11 | 10 | 21 | 20 | 23 | 22 | 17 | 16 | 19 | 18 | 29 | 28 | 31 | 30 | 25 | 24 | 27 | 26 |
| (6) | | | | | | | 1 | 14 | 15 | 12 | 13 | 10 | 11 | 8 | 9 | 22 | 23 | 20 | 21 | 18 | 19 | 16 | 17 | 30 | 31 | 28 | 29 | 26 | 27 | 24 | 25 |
| $L_{16}$ (7) | | | | | | | | 15 | 14 | 13 | 12 | 11 | 10 | 9 | 8 | 23 | 22 | 21 | 20 | 19 | 18 | 17 | 16 | 31 | 30 | 29 | 28 | 27 | 26 | 25 | 24 |
| (8) | | | | | | | | | 1 | 2 | 3 | 4 | 5 | 6 | 7 | 24 | 25 | 26 | 27 | 28 | 29 | 30 | 31 | 16 | 17 | 18 | 19 | 20 | 21 | 22 | 23 |
| (9) | | | | | | | | | | 3 | 2 | 5 | 4 | 7 | 6 | 25 | 24 | 27 | 26 | 29 | 28 | 31 | 30 | 17 | 16 | 19 | 18 | 21 | 20 | 23 | 22 |
| (10) | | | | | | | | | | | 1 | 6 | 7 | 4 | 5 | 26 | 27 | 24 | 25 | 30 | 31 | 28 | 29 | 18 | 19 | 16 | 17 | 22 | 23 | 20 | 21 |
| (11) | | | | | | | | | | | | 7 | 6 | 5 | 4 | 27 | 26 | 25 | 24 | 31 | 30 | 29 | 28 | 19 | 18 | 17 | 16 | 23 | 22 | 21 | 20 |
| (12) | | | | | | | | | | | | | 1 | 2 | 3 | 28 | 29 | 30 | 31 | 24 | 25 | 26 | 27 | 20 | 21 | 22 | 23 | 16 | 17 | 18 | 19 |
| (13) | | | | | | | | | | | | | | 3 | 2 | 29 | 28 | 31 | 30 | 25 | 24 | 27 | 26 | 21 | 20 | 23 | 22 | 17 | 16 | 19 | 18 |
| (14) | | | | | | | | | | | | | | | 1 | 30 | 31 | 28 | 29 | 26 | 27 | 24 | 25 | 22 | 23 | 20 | 21 | 18 | 19 | 16 | 17 |
| $L_{32}$ (15) | | | | | | | | | | | | | | | | 31 | 30 | 29 | 28 | 27 | 26 | 25 | 24 | 23 | 22 | 21 | 20 | 19 | 18 | 17 | 16 |
| (16) | | | | | | | | | | | | | | | | | 1 | 2 | 3 | 4 | 5 | 6 | 7 | 8 | 9 | 10 | 11 | 12 | 13 | 14 | 15 |
| (17) | | | | | | | | | | | | | | | | | | 3 | 2 | 5 | 4 | 7 | 6 | 9 | 8 | 11 | 10 | 13 | 12 | 15 | 14 |
| (18) | | | | | | | | | | | | | | | | | | | 1 | 6 | 7 | 4 | 5 | 10 | 11 | 8 | 9 | 14 | 15 | 12 | 13 |
| (19) | | | | | | | | | | | | | | | | | | | | 7 | 6 | 5 | 4 | 11 | 10 | 9 | 8 | 15 | 14 | 13 | 12 |
| (20) | | | | | | | | | | | | | | | | | | | | | 1 | 2 | 3 | 12 | 13 | 14 | 15 | 8 | 9 | 10 | 11 |
| (21) | | | | | | | | | | | | | | | | | | | | | | 3 | 2 | 13 | 12 | 15 | 14 | 9 | 8 | 11 | 10 |
| (22) | | | | | | | | | | | | | | | | | | | | | | | 1 | 14 | 15 | 12 | 13 | 10 | 11 | 8 | 9 |
| (23) | | | | | | | | | | | | | | | | | | | | | | | | 15 | 14 | 13 | 12 | 11 | 10 | 9 | 8 |
| (24) | | | | | | | | | | | | | | | | | | | | | | | | | 1 | 2 | 3 | 4 | 5 | 6 | 7 |
| (25) | | | | | | | | | | | | | | | | | | | | | | | | | | 3 | 2 | 5 | 4 | 7 | 6 |
| (26) | | | | | | | | | | | | | | | | | | | | | | | | | | | 1 | 6 | 7 | 4 | 5 |
| (27) | | | | | | | | | | | | | | | | | | | | | | | | | | | | 7 | 6 | 5 | 4 |
| (28) | | | | | | | | | | | | | | | | | | | | | | | | | | | | | 1 | 2 | 3 |
| (29) | | | | | | | | | | | | | | | | | | | | | | | | | | | | | | 3 | 2 |
| (30) | | | | | | | | | | | | | | | | | | | | | | | | | | | | | | | 1 |

## 42. 直交配列表と線点図(Ⅵ)

### 3. $3^n$ 系

$L_9(3^4)$

| No. \ 列番 | 1 | 2 | 3 | 4 |
|---|---|---|---|---|
| 1 | 1 | 1 | 1 | 1 |
| 2 | 1 | 2 | 2 | 2 |
| 3 | 1 | 3 | 3 | 3 |
| 4 | 2 | 1 | 2 | 3 |
| 5 | 2 | 2 | 3 | 1 |
| 6 | 2 | 3 | 1 | 2 |
| 7 | 3 | 1 | 3 | 2 |
| 8 | 3 | 2 | 1 | 3 |
| 9 | 3 | 3 | 2 | 1 |
| 成分 | $a$ | $b$ | $ab$ | $ab^2$ |
| 群 | 1群 | 2群 | | |

$L_9$ の線点図

(1)

1 ○──3, 4──○ 2

$L_{27}(3^{13})$

| No. \ 列番 | 1 | 2 | 3 | 4 | 5 | 6 | 7 | 8 | 9 | 10 | 11 | 12 | 13 |
|---|---|---|---|---|---|---|---|---|---|---|---|---|---|
| 1  | 1 | 1 | 1 | 1 | 1 | 1 | 1 | 1 | 1 | 1 | 1 | 1 | 1 |
| 2  | 1 | 1 | 1 | 1 | 2 | 2 | 2 | 2 | 2 | 2 | 2 | 2 | 2 |
| 3  | 1 | 1 | 1 | 1 | 3 | 3 | 3 | 3 | 3 | 3 | 3 | 3 | 3 |
| 4  | 1 | 2 | 2 | 2 | 1 | 1 | 1 | 2 | 2 | 2 | 3 | 3 | 3 |
| 5  | 1 | 2 | 2 | 2 | 2 | 2 | 2 | 3 | 3 | 3 | 1 | 1 | 1 |
| 6  | 1 | 2 | 2 | 2 | 3 | 3 | 3 | 1 | 1 | 1 | 2 | 2 | 2 |
| 7  | 1 | 3 | 3 | 3 | 1 | 1 | 1 | 3 | 3 | 3 | 2 | 2 | 2 |
| 8  | 1 | 3 | 3 | 3 | 2 | 2 | 2 | 1 | 1 | 1 | 3 | 3 | 3 |
| 9  | 1 | 3 | 3 | 3 | 3 | 3 | 3 | 2 | 2 | 2 | 1 | 1 | 1 |
| 10 | 2 | 1 | 2 | 3 | 1 | 2 | 3 | 1 | 2 | 3 | 1 | 2 | 3 |
| 11 | 2 | 1 | 2 | 3 | 2 | 3 | 1 | 2 | 3 | 1 | 2 | 3 | 1 |
| 12 | 2 | 1 | 2 | 3 | 3 | 1 | 2 | 3 | 1 | 2 | 3 | 1 | 2 |
| 13 | 2 | 2 | 3 | 1 | 1 | 2 | 3 | 2 | 3 | 1 | 3 | 1 | 2 |
| 14 | 2 | 2 | 3 | 1 | 2 | 3 | 1 | 3 | 1 | 2 | 1 | 2 | 3 |
| 15 | 2 | 2 | 3 | 1 | 3 | 1 | 2 | 1 | 2 | 3 | 2 | 3 | 1 |
| 16 | 2 | 3 | 1 | 2 | 1 | 2 | 3 | 3 | 1 | 2 | 2 | 3 | 1 |
| 17 | 2 | 3 | 1 | 2 | 2 | 3 | 1 | 1 | 2 | 3 | 3 | 1 | 2 |
| 18 | 2 | 3 | 1 | 2 | 3 | 1 | 2 | 2 | 3 | 1 | 1 | 2 | 3 |
| 19 | 3 | 1 | 3 | 2 | 1 | 3 | 2 | 1 | 3 | 2 | 1 | 3 | 2 |
| 20 | 3 | 1 | 3 | 2 | 2 | 1 | 3 | 2 | 1 | 3 | 2 | 1 | 3 |
| 21 | 3 | 1 | 3 | 2 | 3 | 2 | 1 | 3 | 2 | 1 | 3 | 2 | 1 |
| 22 | 3 | 2 | 1 | 3 | 1 | 3 | 2 | 2 | 1 | 3 | 3 | 2 | 1 |
| 23 | 3 | 2 | 1 | 3 | 2 | 1 | 3 | 3 | 2 | 1 | 1 | 3 | 2 |
| 24 | 3 | 2 | 1 | 3 | 3 | 2 | 1 | 1 | 3 | 2 | 2 | 1 | 3 |
| 25 | 3 | 3 | 2 | 1 | 1 | 3 | 2 | 3 | 2 | 1 | 2 | 1 | 3 |
| 26 | 3 | 3 | 2 | 1 | 2 | 1 | 3 | 1 | 3 | 2 | 3 | 2 | 1 |
| 27 | 3 | 3 | 2 | 1 | 3 | 2 | 1 | 2 | 1 | 3 | 1 | 3 | 2 |
| 成分 | $a$ | $b$ | $ab$ | $ab^2$ | $c$ | $ac$ | $ac^2$ | $bc$ | $bc$ | $bc^2$ | $ab^2c$ | $ab^2c$ | $ab^2c^2$ |
| 群 | 1群 | 2群 | | | 3群 | | | | | | | | |

## 43. 直交配列表と線点図(Ⅶ)

$L_{27}$ の線点図

(1)

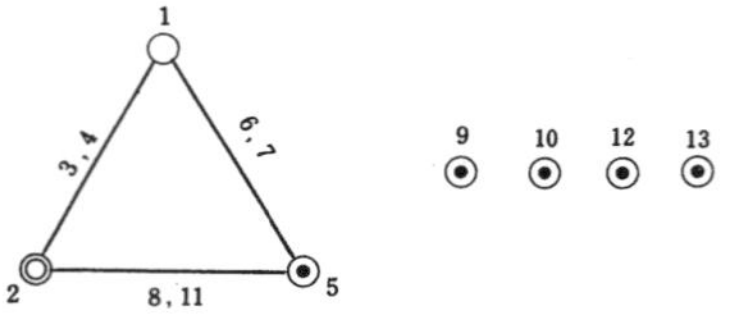

(2)

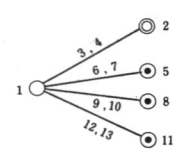

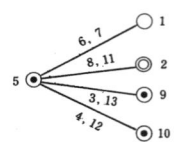

2列間の交互作用の表(3水準系)

| 列\列 | 1 | 2 | 3 | 4 | 5 | 6 | 7 | 8 | 9 | 10 | 11 | 12 | 13 |
|---|---|---|---|---|---|---|---|---|---|---|---|---|---|
| | (1) | 3<br>4 | 2<br>4 | 2<br>3 | 6<br>7 | 5<br>7 | 5<br>6 | 9<br>10 | 8<br>10 | 8<br>9 | 12<br>13 | 11<br>13 | 11<br>12 |
| | | (2) | 1<br>4 | 1<br>3 | 8<br>11 | 9<br>12 | 10<br>13 | 5<br>11 | 6<br>12 | 7<br>13 | 5<br>8 | 6<br>9 | 7<br>10 |
| | | | (3) | 1<br>2 | 9<br>13 | 10<br>11 | 8<br>12 | 7<br>12 | 5<br>13 | 6<br>11 | 6<br>10 | 7<br>8 | 5<br>9 |
| $L_9$ | | | | (4) | 10<br>12 | 8<br>13 | 9<br>11 | 6<br>13 | 7<br>11 | 5<br>12 | 7<br>9 | 5<br>10 | 6<br>8 |
| | | | | | (5) | 1<br>7 | 1<br>6 | 2<br>11 | 3<br>13 | 4<br>12 | 2<br>8 | 4<br>10 | 3<br>9 |
| | | | | | | (6) | 1<br>5 | 4<br>13 | 2<br>12 | 3<br>11 | 3<br>10 | 2<br>9 | 4<br>8 |
| | | | | | | | (7) | 3<br>12 | 4<br>11 | 2<br>13 | 4<br>9 | 3<br>8 | 2<br>10 |
| | | | | | | | | (8) | 1<br>10 | 1<br>9 | 2<br>5 | 3<br>7 | 4<br>6 |
| | | | | | | | | | (9) | 1<br>8 | 4<br>7 | 2<br>6 | 3<br>5 |
| | | | | | | | | | | (10) | 3<br>6 | 4<br>5 | 2<br>7 |
| | | | | | | | | | | | (11) | 1<br>13 | 1<br>12 |
| $L_{27}$ | | | | | | | | | | | | | (12) | 1<br>11 |

## 44. 乱数表の使いかた

乱数表は0から9までの数字をランダムにとってならべたものである．ここにのせた乱数表は(Ⅰ)〜(Ⅵ)の6ページから成り，各ページに50×50＝2500個の数字を含む．組みかたは使うのに便利なようにくふうしてある．目的に応じて何ケタの数として使ってもよい．

**ページの選びかた** 〔第1法〕サイコロをふって，出た目の数と同じ番号のページをとる．〔第2法〕目をつぶって乱数表の上に鉛筆を落とし，当たった数字が1〜6ならそのページをとり，0または7〜9ならやりなおす．

**出発点のきめかた** 目をつぶって乱数表の上に鉛筆を落とし，当たったところにある2ケタの数を使って行をきめる（01〜50ならそのまま，51〜99のときは50を引き，00のときは50におきかえて1〜50の数になおす）．つぎに同様にして列をきめる．

ページをきめるため，目をつぶって鉛筆を落としたら0に当たったのでやりなおした．こんどは5に当たったので，(Ⅴ)のページをとる．

つぎに出発点をきめるため，また目をつぶって鉛筆を落としたら，03に当たったから第3行をとる．つぎには81に当たったので，50を引いて31とし，第31列をとる．

すなわち(Ⅴ)のページの第3行，第31列から出発する．下へ進むとすれば，92, 37, 18, 87, 67 …である．（下端に達すると右隣の乱数列の上端へうつる．ページの終りに達すると次ページへうつる．）

### (a) ランダム配置

$n$個の数をランダムにならべたいとき，$n≦10$なら乱数表を1ケタの数の列と見て，重複とムダをとり去りながら全部出そろうまで続ける（0は10と見る）．$n$が11〜100ならば，乱数表を2ケタの数の列と見て，同様にする．ただしムダが多すぎるときは20または50でわった余りの系列を使う．もう1つの方法としては，重複をとり去った$n$個の数を得たあと，それに大きさの順に番号をつけ，その番号のならびかたを配置とする．

例1．$n=4$のとき，数列9, 3, 1, 8, 6, 3, 2, 7, 2, 8, 2, 8, 2, 3, 4 から，重複とムダをとり去ると 3, 1, 2, 4 となり，配置 3124 が得られる．

例2．$n=12$のとき，数列 92, 37, 18, 87, 67, …を20でわった余りの系列：12, 17, 18, 7, 7, …を用いる．配置として 12, 7, 6, 3, 11, 1, 4, 10, 9, 2, 5, 8 が得られる．（別法）92, 37, 18, 87, 67, 32, 23, 71, 23, 81, 26, 81, 26, 34, 43 から，重複をとり去り大きさの順に番号をつけ，配置 1, 7, 12, 2, 5, 9, 11, 4, 3, 10, 8, 6 を得る．

### (b) ランダム抜取

番号1〜$N$の中から$n$個をランダムに抜き取りたいとき，$n$が小さいなら，乱数表を適当なケタ数の数列とみて（必要なら50とか200とかで割った余りでおきかえて），重複とムダを省きながら$n$個に達するまでとって行く．

**注** 系統抜取においても，ランダムなふり出しのきめかたは，抜取間隔を$N$として，番号1〜$N$の中から1つを選ぶことと同じであるから，上のやりかたが使える．

例1．1〜30の中から5個を抜き取りたいとき，数列92, 37, 18, …を50でわった余りでおきかえた42, 37, 18, …を用い，重複とムダを省いて，18, 17, 23, 21, 26 を抜くものとする．

例2．1〜185の中から10個を抜き取りたい．数列928, 377, 181, …を200でわった余りでおきかえた128, 177, 181, …を用いる．抜き取られる番号は128, 177, 181, 72, 76, 120, 37, 111, 31, 19と定まる．

## 45. 正規乱数表の使いかた

正規乱数表は正規分布に従う変数をランダムにならべたものである．この正規乱数表は，母平均0，母標準偏差1の正規乱数の表で，(Ⅰ)〜(Ⅳ)の4ページから成り，各ページに50行×10列＝500個の乱数を含む．ページの選びかた，出発点のきめかたは，44. 乱数表の使いかたに準ずる．

## 46. 乱数表（I）

```
82 69 41 01 98   53 38 38 77 96   38 21 08 78 41   21 91 44 58 34   29 73 80 76 80
17 66 04 63 41   77 51 83 33 14   04 23 86 16 23   44 37 81 32 71   14 62 21 91 11
58 26 41 01 59   68 98 40 57 93   41 58 15 53 52   48 67 96 77 09   40 04 65 63 09
07 16 73 31 65   61 64 17 83 92   67 70 62 34 65   61 85 15 24 36   19 72 16 57 20
13 43 40 20 44   75 93 89 23 44   59 95 05 42 31   89 35 88 85 65   23 85 04 45 44

26 86 01 11 93   19 96 29 40 36   03 99 67 87 54   25 16 38 69 73   05 31 83 78 55
38 75 35 82 11   00 81 89 17 75   55 50 22 45 74   66 78 10 03 70   95 31 91 23 99
62 86 84 47 47   44 88 10 83 73   68 40 94 81 56   91 80 40 87 71   79 78 05 23 45
62 88 58 97 83   35 14 27 88 69   38 03 25 20 18   98 84 74 10 38   08 81 57 44 38
56 63 41 73 69   71 11 08 02 22   54 93 82 38 95   39 87 63 52 59   84 32 98 57 87

22 64 95 98 05   66 83 86 98 01   11 47 12 32 05   46 72 06 63 42   12 91 15 16 02
92 77 38 93 35   66 98 43 50 87   12 93 49 62 27   91 05 93 32 41   64 70 29 43 23
72 31 02 74 28   95 57 25 71 05   93 87 29 72 20   44 98 06 84 76   70 63 94 37 87
96 24 11 47 32   79 92 28 60 76   98 90 99 07 13   21 96 72 64 40   04 32 19 67 44
92 76 08 37 03   42 02 88 03 51   61 82 12 67 26   18 14 34 71 53   42 21 15 30 81

62 30 11 43 58   64 54 72 13 14   15 17 41 35 56   52 55 38 84 74   32 38 80 07 15
44 80 77 97 30   33 80 68 83 88   11 60 03 40 54   35 00 27 70 53   61 81 42 23 70
47 07 55 30 25   42 02 47 27 28   29 74 00 44 69   96 90 69 05 62   23 66 61 11 03
64 07 82 05 27   12 84 96 51 74   05 20 84 45 46   11 83 71 31 78   62 39 47 74 65
83 65 17 55 22   11 24 61 41 94   25 24 88 49 42   29 33 60 93 50   39 95 37 96 97

56 78 68 91 56   20 25 96 71 17   23 72 44 40 33   00 60 14 29 15   41 33 48 22 60
94 14 77 00 08   03 31 01 74 18   01 94 77 17 39   68 95 26 16 33   29 91 83 85 63
89 03 76 89 00   66 41 72 40 99   30 79 17 58 52   28 69 56 31 05   10 67 40 89 04
47 50 75 77 58   50 10 81 87 28   78 97 60 60 74   84 38 89 42 22   53 95 41 39 64
13 53 30 19 65   45 70 06 41 99   38 90 71 38 65   16 03 27 39 54   44 48 62 81 42

56 15 07 26 23   03 20 27 68 53   52 23 56 99 08   38 16 66 94 90   93 27 29 85 52
66 57 11 72 47   49 99 75 81 49   11 33 01 53 46   48 84 62 51 07   38 48 37 84 61
18 70 75 69 83   27 42 08 42 32   98 09 18 30 08   50 43 88 29 16   41 52 51 74 18
80 01 74 84 64   85 60 18 90 05   04 89 02 21 99   66 08 34 08 51   76 98 69 45 68
73 09 21 10 26   42 76 96 96 67   38 31 80 14 95   85 24 21 21 98   59 64 81 65 55

51 10 26 95 56   14 57 33 37 48   40 89 46 24 36   96 76 09 00 19   69 54 06 09 53
76 86 54 99 70   94 22 80 66 42   98 99 68 17 57   58 82 15 79 48   03 57 64 62 35
59 58 40 46 54   75 44 74 70 53   27 08 91 73 59   38 40 46 81 13   68 45 90 02 87
76 78 86 82 37   92 71 64 35 88   73 84 41 37 88   64 95 23 72 03   79 91 71 30 04
80 58 54 62 80   94 10 14 54 26   86 37 72 29 78   13 56 65 62 38   56 59 90 27 29

69 30 74 71 17   02 37 55 92 73   33 14 21 87 08   12 77 97 29 42   94 47 82 27 22
08 20 69 34 34   60 92 83 45 49   66 38 31 51 48   57 02 11 40 22   15 25 88 06 57
37 80 59 15 14   30 44 06 91 66   00 77 11 19 38   14 84 97 82 26   45 14 85 99 20
81 45 72 59 90   57 50 22 04 27   53 23 00 49 15   49 27 83 13 33   93 64 64 36 77
23 03 76 70 82   29 35 94 85 13   68 46 89 22 46   24 01 96 27 73   96 00 88 65 16

73 39 18 51 24   23 89 51 91 16   26 52 05 39 87   61 49 26 75 81   35 89 21 99 48
91 28 53 00 70   16 18 39 81 82   09 86 94 36 59   17 15 51 37 23   68 19 64 93 74
46 82 06 04 38   20 67 31 59 26   39 73 23 24 24   14 06 87 09 13   00 30 38 38 05
81 15 86 25 86   07 58 60 18 93   52 52 04 59 53   61 82 17 08 81   91 90 66 67 39
43 77 34 49 86   98 20 99 18 81   92 46 75 32 82   84 60 96 09 60   57 26 23 36 11

67 26 67 28 42   03 30 79 21 30   73 85 83 99 12   42 12 89 70 86   46 25 58 00 80
38 25 56 88 83   92 02 54 80 38   51 66 56 77 51   75 48 11 37 18   79 81 36 25 93
90 15 30 77 30   47 72 29 66 14   40 96 25 45 96   51 40 71 47 49   63 43 30 38 92
61 53 95 73 24   87 94 87 35 18   59 18 82 99 75   80 55 80 89 73   10 74 47 86 85
85 59 27 83 53   19 80 44 68 77   86 86 73 88 75   98 06 98 65 01   77 78 86 79 60
```

〔22〕所載の疑似乱数発生プログラムで，引数 IX を 1985 としたときの乱数 FRAND の小数第一位を
ならべたものである．

## 47. 乱 数 表（Ⅱ）

```
72 09 00 16 16    63 84 44 07 52    20 87 97 67 68    79 67 24 38 11    57 69 18 51 50
31 80 36 55 19    75 33 14 00 22    98 49 78 41 50    89 38 39 57 76    89 69 65 84 47
90 77 27 91 11    28 11 93 17 48    96 27 97 89 74    12 68 29 94 37    95 47 39 80 31
89 87 71 93 05    68 48 83 63 82    18 45 14 92 36    20 45 61 08 14    20 82 61 05 06
18 41 05 96 19    04 26 73 94 84    32 04 62 26 70    57 17 51 11 41    32 68 03 00 17

51 87 34 26 35    17 82 66 45 46    78 42 81 20 79    69 95 96 27 81    46 56 76 49 63
90 67 45 88 04    91 79 44 72 73    04 46 92 69 54    37 45 20 06 01    94 93 98 15 22
25 12 17 55 16    12 21 81 09 35    84 94 20 32 33    89 75 94 06 51    98 85 47 56 62
36 15 80 14 41    07 91 15 07 91    05 87 10 06 69    42 23 81 14 01    99 70 23 43 90
98 28 01 16 36    70 91 35 96 56    26 18 99 88 34    94 55 99 07 58    33 40 22 58 45

05 07 88 84 13    51 94 51 98 95    12 77 92 77 56    47 62 82 71 82    17 97 43 56 16
18 71 50 87 75    80 41 77 28 61    44 49 09 11 79    35 96 51 61 82    30 12 82 75 96
87 18 88 81 34    46 73 34 57 81    19 83 89 24 75    32 98 28 81 15    78 21 74 47 35
44 08 60 16 05    98 72 36 60 36    74 39 25 92 54    56 90 01 59 09    78 38 18 87 50
89 75 70 93 74    06 24 49 81 45    86 56 51 26 55    60 16 32 86 43    46 74 14 81 31

80 33 94 84 90    47 87 40 39 13    44 88 93 55 55    34 22 66 44 19    74 05 75 44 11
92 27 18 93 22    76 15 59 70 91    62 95 78 05 62    35 58 24 09 65    54 22 46 19 91
00 56 64 73 95    73 39 93 48 07    50 92 53 15 43    08 59 76 12 11    89 69 91 74 06
08 74 80 24 95    14 42 29 56 16    39 37 61 15 11    07 69 63 24 00    59 97 59 39 24
83 02 47 87 81    03 42 17 08 86    45 10 88 06 69    75 66 41 79 65    12 11 95 60 53

63 05 61 37 11    62 39 36 01 84    67 08 82 61 82    03 38 93 11 05    66 87 24 77 70
70 53 40 07 66    78 60 79 57 95    98 46 81 11 73    32 07 00 32 63    04 06 52 24 71
17 36 67 40 40    78 88 92 43 48    99 50 41 80 50    95 31 92 24 76    59 15 01 35 60
73 31 47 23 89    82 97 32 79 97    64 91 69 54 02    92 94 35 31 28    90 12 81 71 56
39 20 42 76 07    11 95 49 41 12    97 40 35 11 40    06 49 51 88 30    95 01 58 52 90

53 45 91 75 43    90 25 60 41 62    21 05 74 96 02    53 47 46 27 61    97 58 90 40 60
58 70 85 60 67    88 25 90 43 72    59 32 03 00 57    63 83 18 43 38    47 82 81 85 51
98 49 84 36 95    68 42 44 77 73    17 63 12 88 01    39 63 76 33 14    26 36 14 37 53
36 36 31 97 96    48 16 73 06 39    60 04 24 94 29    57 02 31 85 33    38 20 72 90 45
30 50 69 95 41    65 51 58 43 15    44 60 77 00 30    17 68 83 63 42    97 81 58 94 44

58 75 94 05 63    17 54 94 32 66    19 64 80 56 46    56 33 95 91 09    35 39 75 79 35
29 73 78 44 19    44 46 46 54 61    49 65 28 37 98    08 80 35 22 37    24 06 68 16 87
13 00 39 95 39    89 33 54 15 19    31 34 99 87 03    97 69 85 52 75    50 81 68 97 28
03 75 84 58 92    09 25 75 68 44    18 35 17 11 72    69 87 89 55 73    43 36 63 94 99
15 24 85 36 66    51 13 91 89 45    69 31 71 13 93    64 74 49 01 67    56 39 26 69 85

03 95 96 33 05    25 09 71 07 94    58 81 84 02 72    61 97 53 07 06    29 99 27 80 13
79 29 60 21 32    90 14 33 36 11    44 62 15 98 10    95 68 46 82 27    24 42 14 56 48
34 42 50 61 66    37 42 88 26 39    04 38 55 23 60    76 28 49 50 73    63 53 62 27 39
20 39 27 79 82    70 35 60 23 38    66 39 13 93 59    59 35 12 23 40    11 84 54 85 02
05 78 43 77 86    22 09 79 56 49    89 33 38 65 88    80 60 16 04 52    05 77 07 38 29

36 60 25 83 09    99 26 79 26 48    51 39 50 66 84    58 80 92 79 16    30 64 46 53 28
68 05 57 34 24    15 06 89 31 75    29 80 91 65 59    92 63 79 74 90    63 86 93 44 97
03 94 71 25 40    19 85 61 66 32    27 24 80 64 33    16 85 38 61 32    34 41 72 12 11
71 41 33 13 21    40 99 46 91 19    84 89 23 51 88    01 94 08 97 16    59 90 81 73 17
62 71 63 21 69    34 28 22 53 23    40 15 56 47 21    37 26 10 61 97    96 47 57 70 36

63 88 52 61 11    72 88 93 38 70    48 90 35 43 07    16 44 50 04 82    26 27 25 03 59
01 43 13 02 22    14 55 22 19 23    94 47 98 67 17    72 93 51 13 22    02 14 25 57 46
93 38 31 39 46    54 42 51 69 19    08 25 66 61 66    58 19 97 74 58    62 20 04 80 13
87 58 10 10 16    88 29 38 49 00    60 04 46 28 51    31 58 26 27 22    79 78 60 09 99
40 21 61 45 35    92 09 72 41 28    83 12 98 88 83    36 31 47 45 41    64 90 88 23 79
```

— 39 —

## 48. 乱 数 表 (Ⅲ)

```
30 15 84 12 85   65 02 30 64 66   73 17 83 40 38   94 57 73 61 08   26 91 33 84 46
46 95 36 97 52   86 17 17 27 03   17 72 92 69 71   33 11 62 35 66   92 03 66 59 37
94 58 32 46 39   97 66 61 62 27   49 87 54 98 42   46 18 97 54 80   49 51 35 87 88
30 77 83 31 09   44 48 71 53 01   82 63 09 55 12   92 53 30 92 15   60 50 78 85 88
29 92 57 37 59   25 59 45 45 49   97 00 38 78 31   12 18 69 32 47   25 82 61 22 15

80 57 08 27 23   85 12 80 91 98   69 27 07 41 30   42 76 99 53 02   86 85 46 74 99
35 32 09 10 34   14 41 15 43 08   86 91 41 58 16   54 00 36 72 57   02 48 39 04 15
84 02 58 03 23   95 97 03 51 70   11 78 53 88 88   63 88 93 86 55   32 08 61 26 72
36 74 56 06 37   71 36 86 14 52   97 02 98 80 47   90 94 11 20 20   68 10 80 57 50
79 31 61 35 58   87 72 14 72 60   16 26 19 19 78   32 10 55 04 42   80 82 41 39 96

09 29 55 76 02   87 61 67 94 97   46 97 92 75 20   42 74 36 61 90   72 59 25 01 26
94 03 12 93 16   30 88 47 63 17   74 39 03 17 32   62 73 55 77 87   83 94 47 30 80
55 37 51 24 28   45 43 14 14 08   53 19 24 93 39   21 62 06 24 27   94 82 93 80 53
33 34 36 95 09   93 44 46 62 71   60 80 60 87 74   05 26 98 76 06   78 09 47 43 72
86 69 20 22 67   62 94 31 07 34   65 62 68 66 09   77 23 58 43 00   78 87 47 85 69

91 79 46 29 25   13 20 11 88 34   07 41 83 24 44   16 10 99 80 27   13 29 79 79 39
06 56 09 34 39   77 67 05 04 00   97 26 59 14 13   32 08 78 90 66   30 51 50 16 99
77 87 84 80 59   21 70 62 91 43   71 05 33 49 34   38 93 23 34 71   48 61 83 98 14
26 93 25 99 82   68 82 43 72 20   73 61 62 38 86   36 10 87 55 13   86 11 46 48 13
88 57 84 35 53   13 00 40 11 71   66 22 41 74 93   10 58 02 57 99   58 13 81 85 60

39 99 99 83 78   94 93 67 31 98   39 85 65 53 95   46 34 90 57 77   94 60 29 88 27
69 16 09 84 74   62 84 06 56 79   11 15 04 67 45   72 42 77 33 19   49 70 49 41 82
07 42 72 50 38   79 75 19 74 08   88 82 45 83 51   87 09 24 95 56   64 20 41 92 83
41 88 66 07 50   44 36 90 35 27   51 66 54 15 39   39 30 87 01 76   16 11 48 56 65
60 73 26 81 55   48 98 06 95 74   17 71 57 17 61   14 03 94 32 35   47 12 97 00 01

15 51 49 46 44   51 92 00 67 96   69 89 18 78 35   59 43 65 51 73   66 67 16 01 89
12 17 19 63 24   19 31 96 73 56   68 00 59 95 20   17 21 54 45 72   67 62 63 30 51
02 29 82 30 42   35 37 78 88 59   45 57 10 07 32   37 88 82 04 23   85 78 80 38 09
47 93 43 47 77   17 36 87 37 23   45 30 24 02 45   43 56 44 10 25   57 85 30 98 51
66 67 34 35 14   77 60 24 67 59   11 61 54 76 06   12 07 32 69 38   16 46 14 69 23

60 14 24 94 36   21 78 20 20 24   61 57 35 56 68   41 97 37 72 23   78 55 12 58 18
80 41 25 71 32   06 39 57 59 90   77 12 56 04 03   29 02 09 83 29   11 40 19 07 37
04 13 93 03 80   24 84 95 12 11   50 83 07 71 15   66 90 95 92 61   75 65 27 97 23
72 39 42 21 74   45 20 65 19 43   27 85 77 52 16   18 11 72 66 09   96 27 89 76 67
55 02 05 41 36   24 90 16 39 52   18 23 39 44 95   65 88 95 55 20   89 62 07 64 20

11 77 79 42 98   02 98 56 02 18   02 44 62 86 63   33 42 79 97 80   15 85 89 21 84
29 70 82 08 81   37 71 57 97 93   96 16 46 64 82   74 40 72 48 01   16 71 48 69 21
68 26 20 51 21   92 91 75 22 53   64 65 71 34 82   99 20 29 28 90   17 96 54 26 46
68 78 93 78 12   96 40 54 61 96   06 85 28 43 15   65 49 15 71 99   61 22 49 20 14
95 02 41 19 71   02 40 26 89 05   44 58 94 32 51   24 40 20 41 23   61 53 42 99 65

94 73 70 92 45   39 78 07 12 78   83 66 82 86 02   41 70 27 02 73   52 63 13 90 63
04 12 88 12 34   72 49 98 59 03   34 09 35 19 69   28 83 55 19 75   94 95 53 61 18
99 95 20 67 19   29 58 77 74 62   63 49 15 63 47   05 75 80 42 73   80 67 69 48 55
00 55 05 71 76   90 54 62 69 28   17 95 15 09 74   95 94 66 02 53   70 40 02 69 37
33 02 22 00 92   63 90 90 82 80   55 37 18 49 01   97 48 87 96 74   01 09 07 59 21

65 19 46 04 10   79 82 64 85 97   11 73 95 58 84   19 46 07 56 66   62 31 59 17 82
11 18 19 02 38   46 18 76 48 99   88 98 24 95 31   08 56 00 19 26   46 99 91 64 81
45 84 41 12 15   31 16 32 71 30   58 34 19 69 96   47 53 36 28 60   88 26 92 78 82
13 64 32 32 19   32 53 21 12 50   28 07 45 02 73   13 32 36 97 65   14 81 28 18 61
05 11 71 29 44   54 73 98 89 85   70 53 04 36 95   16 24 96 72 49   26 35 31 15 49
```

### 49. 乱　数　表（IV）

```
73 29 78 42 11   60 48 35 92 48   90 33 83 20 31   40 83 27 10 99   21 29 66 85 47
08 64 64 87 86   42 75 04 29 45   47 62 54 40 50   82 10 62 60 70   18 68 85 77 14
41 77 35 52 51   76 26 59 40 75   65 27 07 00 37   60 71 87 72 12   07 21 37 21 00
94 17 10 41 19   06 09 79 34 97   52 67 46 23 88   92 48 19 36 12   51 64 53 51 62
80 15 90 67 44   71 24 63 40 96   62 04 15 18 74   29 07 29 53 20   85 64 92 97 87

16 81 58 18 84   13 88 90 70 01   21 80 01 11 81   62 25 99 75 32   37 60 81 59 27
74 16 62 58 53   63 31 41 51 90   59 34 85 49 01   50 19 88 17 47   11 41 06 31 36
64 44 28 82 38   78 21 20 50 16   30 22 14 66 52   64 12 73 23 49   34 57 95 69 37
29 74 27 59 03   46 61 71 31 31   99 26 53 28 91   02 88 92 82 31   89 13 54 46 34
16 66 91 12 13   50 44 82 04 02   87 05 20 16 84   03 02 97 33 98   78 05 23 66 72

19 14 75 97 68   06 25 87 26 29   04 20 27 00 64   38 01 26 74 39   04 85 43 97 91
02 91 72 01 08   10 38 04 55 44   12 75 77 83 04   99 19 82 07 50   59 28 96 96 67
97 64 42 65 00   15 54 15 01 88   19 20 11 73 76   63 87 87 29 46   14 69 12 13 09
90 90 16 02 58   71 36 13 46 95   51 81 46 50 78   54 11 58 99 51   85 42 01 92 25
29 72 56 58 35   57 29 95 75 03   29 81 25 68 36   06 48 74 68 43   30 54 78 87 85

66 97 08 49 73   57 61 35 61 33   39 12 71 52 74   43 78 30 58 53   48 48 73 60 28
09 50 62 88 52   57 87 05 51 13   04 47 14 82 78   93 48 20 17 76   44 55 59 80 01
70 49 25 00 34   24 83 66 31 42   19 61 07 37 42   59 82 13 77 74   85 67 36 03 63
31 98 19 67 01   96 67 71 62 32   21 78 52 89 96   46 21 70 86 68   91 99 91 82 57
84 01 55 99 61   07 96 69 80 96   86 41 83 54 55   05 47 36 38 47   25 57 10 61 41

00 30 03 68 39   70 87 82 43 89   39 79 78 36 97   21 47 82 28 56   75 94 96 72 03
67 54 76 27 63   33 39 51 73 47   61 02 41 96 65   43 50 21 53 80   50 84 29 03 81
18 93 03 61 51   98 13 69 31 08   57 03 66 78 63   13 36 96 18 33   00 10 95 91 02
34 73 86 77 04   71 47 52 10 05   60 06 30 78 27   35 88 54 40 47   05 62 26 60 92
36 97 55 34 72   33 82 02 07 58   60 40 67 27 41   15 99 86 51 60   01 58 57 27 32

81 60 00 62 10   43 83 35 63 26   29 54 03 34 70   67 45 95 65 41   76 58 22 54 21
12 23 91 63 17   90 20 07 34 80   89 20 59 11 51   33 22 57 38 02   33 28 62 21 45
66 05 33 39 12   63 83 07 68 43   10 50 42 34 88   03 34 57 39 90   70 74 67 52 13
14 01 72 08 16   31 30 37 65 41   38 64 60 70 05   69 33 71 24 64   38 93 61 97 66
69 20 70 07 65   93 69 18 23 83   30 61 53 31 43   63 36 00 44 24   80 81 30 11 68

49 59 34 20 50   53 56 90 90 51   34 65 42 70 76   17 67 68 28 61   09 49 25 80 98
54 95 28 41 58   76 65 64 66 23   72 37 42 20 83   24 65 21 78 51   33 12 61 18 28
35 63 62 47 12   34 20 35 18 83   86 44 93 68 85   36 77 36 24 06   20 78 79 69 71
20 32 34 34 11   13 78 35 40 81   27 47 40 68 39   25 24 03 92 92   74 93 21 43 46
54 28 80 21 53   25 21 74 07 41   84 38 45 61 28   13 59 22 93 45   81 21 93 80 53

93 49 26 38 63   42 27 80 82 41   64 81 48 32 40   15 39 73 83 43   88 00 56 23 83
61 39 19 24 48   06 85 87 89 59   63 80 01 97 52   22 81 22 81 42   85 75 83 47 53
69 05 48 48 43   13 19 02 08 56   63 15 23 18 44   56 78 52 72 53   46 18 74 28 68
65 93 36 15 49   85 22 95 80 09   33 14 30 14 86   24 44 44 96 71   48 20 94 53 28
26 57 07 86 54   93 88 40 84 80   73 35 88 74 87   63 68 41 70 48   15 39 80 44 77

47 03 57 60 12   27 62 63 76 23   41 49 87 25 24   04 63 01 95 11   25 83 18 02 18
32 04 44 43 52   88 62 10 75 84   14 44 29 15 15   80 21 06 07 89   86 02 46 25 65
95 40 29 77 78   36 97 46 45 29   98 96 20 74 88   53 57 36 83 15   47 47 87 68 34
79 47 40 01 26   67 44 47 30 18   79 15 71 62 70   14 86 08 77 15   24 92 93 24 62
65 36 64 67 76   16 53 20 99 25   05 17 95 02 87   82 38 03 47 82   84 44 12 84 72

55 19 78 56 35   19 83 73 54 51   42 26 42 76 33   58 55 73 02 45   20 84 13 41 12
40 78 80 33 37   58 44 94 75 97   02 37 14 91 74   10 09 11 57 39   49 50 99 28 24
42 77 59 82 78   73 44 05 47 04   77 51 55 17 00   94 22 09 91 76   16 68 42 61 87
36 90 21 03 56   94 92 97 80 87   01 64 67 26 66   04 86 63 39 13   15 42 76 33 60
22 65 13 02 94   21 06 15 39 45   15 01 66 37 36   25 71 54 90 50   67 23 35 44 99
```

## 50. 乱　数　表（V）

```
56 87 52 05 96   71 18 77 17 05   31 36 33 77 13   76 71 71 13 17   60 74 24 53 17
90 70 49 90 00   29 49 48 25 45   49 64 32 94 93   87 04 47 34 81   94 73 85 33 55
37 62 44 78 61   98 40 60 16 79   89 95 42 31 85   92 87 08 63 95   68 00 43 91 65
11 85 09 37 69   22 17 74 19 79   47 85 14 60 91   37 79 41 67 05   01 04 78 82 14
61 58 62 91 89   50 49 61 51 32   72 15 89 38 89   18 17 95 05 06   60 24 02 86 59

05 66 03 44 51   75 16 30 72 38   37 63 59 48 98   87 23 09 05 71   07 91 66 37 23
75 91 74 35 88   43 88 48 71 11   88 26 50 25 53   67 68 82 80 01   35 70 25 54 00
51 37 15 37 32   03 54 38 23 59   99 71 98 86 52   32 03 13 01 00   60 45 30 50 24
03 08 56 78 85   35 25 51 47 09   40 00 85 96 12   23 72 16 49 94   23 44 43 97 55
84 20 25 49 29   37 42 88 93 51   19 47 64 44 79   71 19 86 77 43   40 07 61 26 28

91 87 24 01 14   27 80 97 38 00   40 43 48 74 34   23 17 99 38 01   21 60 77 44 34
27 00 22 25 44   82 01 36 86 05   78 49 64 19 10   81 99 09 84 24   75 85 92 25 15
98 01 70 65 37   92 73 49 91 71   33 08 78 89 30   26 14 32 93 63   70 23 28 75 16
87 38 23 68 10   76 29 51 83 25   43 35 33 84 47   81 66 90 84 51   16 87 61 37 63
70 27 30 19 28   61 81 62 41 45   79 98 08 69 60   26 81 11 44 19   85 37 65 66 02

46 83 38 96 15   82 48 36 77 48   47 52 89 95 87   34 86 94 98 23   54 76 98 32 02
24 71 35 58 59   68 07 19 37 25   84 85 53 52 77   43 48 31 99 59   59 66 53 50 55
06 54 95 78 89   04 80 36 58 40   55 15 34 87 02   19 02 07 64 53   23 40 25 11 99
29 70 02 10 37   54 04 66 31 09   42 73 68 52 38   56 33 88 07 85   41 95 13 81 67
71 67 47 87 53   70 34 99 88 56   80 13 60 30 55   07 42 82 22 41   22 73 55 16 79

65 04 55 55 49   98 51 63 72 05   22 97 21 48 25   72 00 58 87 21   36 37 93 03 54
46 26 11 38 30   62 47 36 56 99   61 43 21 21 19   44 43 33 65 43   07 25 73 95 25
06 67 80 69 31   92 14 25 32 58   35 12 50 91 17   00 58 33 29 55   44 57 63 46 56
69 70 90 62 79   80 04 45 54 56   99 84 50 70 71   70 24 66 55 32   75 20 30 68 20
72 15 53 35 87   88 29 46 68 12   71 35 68 44 37   24 81 46 88 61   69 45 84 18 37

21 10 70 99 21   02 68 08 32 58   17 31 46 63 26   29 05 83 44 70   18 40 42 32 48
15 42 56 69 40   00 54 60 25 50   05 92 63 17 56   11 96 81 05 12   41 34 73 89 40
54 47 39 41 96   28 31 60 80 34   09 18 59 10 32   36 64 53 87 19   35 01 49 76 48
19 35 55 09 41   41 29 88 71 05   98 84 89 33 48   11 42 97 37 93   43 70 03 74 51
32 80 40 95 15   78 04 85 07 18   73 68 06 03 05   55 17 24 22 73   82 46 00 52 08

46 37 92 29 66   74 71 22 47 64   80 03 37 50 93   07 86 43 39 43   70 13 05 48 69
46 80 66 95 50   54 93 60 49 89   53 58 17 31 98   53 64 62 41 11   71 99 60 30 48
54 92 64 83 66   31 72 67 84 95   37 52 00 98 06   92 85 59 73 36   44 11 09 14
94 84 97 86 40   96 95 02 81 91   91 38 25 58 73   09 69 78 23 86   59 79 20 23 18
75 39 37 33 97   53 24 84 88 44   65 09 15 25 66   42 11 64 83 35   01 17 98 10 99

27 25 20 53 13   13 75 97 17 41   04 33 72 93 74   97 09 95 01 26   99 64 97 04 89
96 99 95 92 07   49 18 89 05 35   20 32 16 73 25   91 20 91 25 87   21 97 26 37 75
77 73 66 07 18   15 40 88 27 00   29 22 97 17 93   86 27 98 34 62   43 38 32 12 81
85 81 54 47 72   69 00 47 51 74   99 93 41 53 82   76 74 20 18 11   91 38 56 58 83
76 04 26 68 45   96 26 40 83 65   13 76 33 21 06   39 71 72 36 82   73 44 56 85 42

45 15 82 95 39   73 19 71 86 41   51 40 03 92 35   45 17 84 15 16   83 33 74 34 67
58 95 45 21 48   82 05 53 63 75   22 14 64 21 04   32 48 73 51 57   99 67 14 74 99
11 88 42 86 85   74 56 71 50 33   52 56 06 29 51   43 62 78 09 14   12 27 52 38 04
07 15 92 38 28   03 15 15 35 17   11 58 28 13 61   89 74 96 22 40   91 81 38 34 51
18 53 77 52 21   20 19 91 20 70   97 23 01 58 58   68 55 21 61 04   91 60 28 61 23

57 49 81 78 18   61 02 19 64 57   65 98 77 92 90   87 65 58 21 07   64 22 29 29 61
75 46 74 97 74   22 44 48 69 66   62 02 76 27 21   94 43 89 88 39   60 04 35 23 00
13 62 34 08 94   09 82 94 59 43   42 08 10 19 38   26 69 44 18 17   42 96 92 47 34
29 02 39 97 18   43 18 22 88 59   12 67 27 91 99   05 73 87 22 46   95 43 90 42 18
29 45 50 17 23   75 46 58 33 28   13 64 18 10 17   44 85 14 16 10   71 73 92 41 82
```

## 51. 乱 数 表 (VI)

```
52 48 01 94 31    15 10 53 62 44    93 75 97 43 15    03 66 35 60 40    95 93 66 01 16
74 25 09 61 95    01 59 77 37 19    76 89 91 28 73    14 65 49 01 61    24 86 92 56 62
71 82 73 53 20    98 83 83 32 68    18 39 48 70 21    94 35 23 78 84    55 93 37 81 41
55 90 38 56 70    29 88 53 42 73    04 31 94 42 17    34 82 10 09 93    71 26 66 14 50
17 00 25 32 61    47 99 34 11 43    21 28 20 60 90    29 11 25 90 95    30 79 43 92 25

85 73 32 25 84    23 39 94 59 23    36 65 99 61 49    71 23 82 35 97    79 62 88 06 79
91 38 43 91 58    70 83 24 26 32    72 70 76 99 94    41 12 28 44 33    11 44 75 33 61
25 17 00 31 15    70 38 70 10 01    05 61 34 75 10    36 35 42 53 91    33 67 50 37 49
94 63 67 76 75    60 31 23 00 34    93 27 00 35 29    15 03 53 97 53    69 00 25 20 43
80 64 65 84 50    04 91 94 50 10    50 59 01 64 52    42 07 09 17 38    83 59 35 86 42

03 68 83 60 06    38 23 07 92 21    61 82 99 33 53    34 14 98 29 60    46 85 94 02 72
51 56 84 74 96    64 34 63 39 78    85 07 85 30 28    82 33 38 72 34    34 75 88 52 75
02 97 05 08 71    81 02 87 56 48    34 39 95 08 10    00 64 86 56 48    75 86 69 95 68
93 67 82 37 21    51 54 62 61 41    61 93 14 98 67    11 14 68 34 64    08 17 93 56 04
38 67 80 70 92    19 92 00 05 92    39 01 69 50 87    84 62 25 06 42    42 75 23 15 29

56 93 78 41 51    80 49 93 22 30    25 14 89 39 36    35 07 14 99 65    49 28 23 42 83
53 21 94 60 13    09 96 34 97 06    98 71 70 25 14    98 27 03 19 53    09 44 99 34 42
58 89 46 79 79    56 67 89 74 65    59 95 66 54 97    61 46 68 28 51    44 96 93 57 43
47 31 06 87 37    97 44 70 72 42    41 66 60 90 95    72 27 43 10 73    20 16 84 32 27
02 55 97 39 95    62 55 22 64 59    31 79 07 63 71    51 12 39 20 91    67 60 79 05 31

85 73 45 23 99    17 99 82 00 20    44 49 47 02 11    09 61 59 64 38    94 83 70 05 79
44 42 69 87 02    72 90 09 97 90    55 25 92 46 08    76 16 82 66 99    57 59 81 03 64
97 56 65 40 67    75 76 99 90 97    26 99 01 64 87    91 12 17 67 51    80 49 55 56 26
54 43 99 41 67    40 09 88 29 02    49 94 43 33 20    71 92 74 16 06    25 21 78 74 26
36 01 89 01 99    29 60 25 83 87    74 24 56 40 63    58 39 66 22 78    71 53 81 85 74

75 47 60 23 86    62 47 87 11 39    20 40 21 29 74    76 13 68 45 16    13 09 62 78 05
79 49 83 18 26    06 57 48 17 36    35 65 53 67 64    81 99 21 06 26    59 92 08 20 59
60 99 68 64 69    13 05 85 67 08    55 36 90 77 79    32 71 06 16 76    00 81 48 61 51
10 74 37 39 09    27 25 00 08 75    37 88 36 57 53    83 27 07 47 83    95 63 12 34 58
29 10 60 66 39    07 79 99 77 62    21 37 58 74 99    81 95 90 62 18    20 21 09 28 02

07 70 55 42 19    20 89 29 72 87    69 80 00 47 66    25 69 69 56 34    13 80 90 88 31
01 71 32 21 96    82 52 52 61 22    87 53 48 86 71    74 87 43 89 92    48 88 38 56 36
69 38 60 06 39    18 45 69 09 16    08 97 51 62 36    48 40 96 85 92    17 57 15 52 21
49 40 54 28 78    25 68 45 84 87    06 82 39 66 69    28 08 01 56 24    38 53 29 06 03
38 41 80 35 64    55 14 73 07 22    08 60 63 73 04    63 56 51 02 97    47 30 29 18 41

35 10 69 52 07    01 83 07 05 30    13 78 31 86 49    02 89 01 58 57    20 05 82 39 97
98 88 66 49 35    50 54 75 27 52    07 70 20 35 91    40 41 30 92 67    16 80 21 23 02
00 39 93 19 03    74 84 23 70 81    46 01 40 30 66    54 70 84 17 63    06 25 98 88 06
78 17 49 96 11    80 45 00 77 82    42 73 94 66 40    40 82 10 29 67    70 11 70 64 44
66 06 39 09 92    51 18 55 11 69    87 76 69 53 90    82 31 91 86 18    48 29 56 63 42

74 60 91 81 97    03 84 89 05 35    59 67 09 29 68    12 24 72 20 06    86 81 34 15 95
96 81 56 44 72    08 11 94 03 50    69 21 21 51 87    74 92 10 22 76    91 70 00 75 32
05 92 40 65 64    23 30 40 12 70    40 83 76 36 42    29 98 57 04 32    32 83 78 59 05
69 01 75 61 76    87 52 69 19 60    96 69 97 57 26    74 53 69 18 20    72 76 38 34 47
84 23 05 35 69    96 98 56 78 60    08 41 26 23 82    67 18 47 03 66    32 18 17 83 82

61 91 15 12 88    09 36 37 33 61    91 86 83 94 52    20 17 70 95 30    40 87 04 62 83
69 39 93 49 78    09 13 29 34 53    32 05 82 22 35    29 00 16 25 75    88 41 42 30 68
91 52 18 87 18    14 07 94 98 60    84 63 36 52 32    00 33 57 27 89    54 97 24 09 18
08 08 27 40 82    26 09 25 62 51    15 67 72 51 96    31 60 24 32 87    07 66 76 35 34
94 76 32 75 43    20 76 03 84 07    88 36 61 47 38    86 47 93 19 81    25 63 49 87 27
```

## 52. 正規乱数表（I）

| | | | | | | | | | |
|---|---|---|---|---|---|---|---|---|---|
| 1·231 | −1·297 | −·521 | −1·401 | ·511 | −1·525 | −1·142 | ·826 | −·237 | −·970 |
| −1·716 | −·219 | −·180 | ·882 | ·765 | −·390 | −1·105 | −·869 | ·587 | −·135 |
| ·926 | −·967 | −·158 | −·554 | ·221 | ·484 | −1·355 | ·303 | ·338 | 1·834 |
| ·067 | −1·469 | −·921 | 1·847 | 2·425 | ·172 | −·958 | ·204 | −·713 | 1·599 |
| −2·271 | ·298 | ·092 | −·885 | −·365 | 2·293 | ·878 | −·101 | −·343 | ·761 |
| ·698 | −1·410 | ·100 | ·468 | ·104 | −·413 | ·289 | 1·059 | ·282 | ·060 |
| −·504 | ·151 | ·857 | ·305 | 1·477 | ·890 | −·176 | −1·067 | ·960 | −·236 |
| −·170 | −·129 | −·128 | 1·317 | −·296 | 1·281 | −·717 | 1·047 | −·860 | ·549 |
| ·601 | ·988 | −·873 | ·592 | −·972 | −·272 | 1·219 | ·351 | ·460 | 1·405 |
| ·072 | −2·229 | 1·613 | 1·145 | −·109 | 1·193 | −1·522 | ·579 | ·324 | ·665 |
| 1·383 | −·039 | −·195 | −·417 | −·836 | −·622 | ·915 | 1·036 | ·888 | 1·720 |
| −·659 | −1·852 | ·729 | −1·129 | ·460 | −·768 | 1·504 | −·355 | ·945 | ·116 |
| −1·207 | −1·027 | ·168 | −·001 | 1·009 | ·711 | ·155 | ·578 | −·248 | ·600 |
| −·996 | −1·717 | 1·031 | 2·055 | 2·168 | −·919 | −1·382 | ·150 | −1·713 | 1·208 |
| −1·044 | −·952 | −·201 | 1·014 | −·955 | ·116 | ·369 | −·839 | −·314 | −·877 |
| ·195 | −·662 | −·181 | −2·569 | −·725 | −·343 | −1·636 | −·493 | ·875 | ·712 |
| −1·380 | −1·435 | −·637 | −·290 | 1·217 | ·328 | −·435 | −·759 | −·073 | −1·397 |
| −1·052 | ·334 | −1·812 | −·248 | ·429 | ·939 | −·944 | ·203 | −·371 | −1·068 |
| ·053 | −·782 | ·517 | ·335 | 1·606 | 1·011 | −·196 | ·973 | ·312 | −·163 |
| ·862 | ·843 | 1·452 | −1·804 | 1·196 | −·022 | −1·296 | −·813 | ·124 | 1·690 |
| ·633 | −1·267 | ·765 | 1·713 | −·074 | −·385 | 2·180 | ·685 | 1·906 | −·877 |
| ·816 | −2·202 | 1·536 | 1·609 | 1·862 | −·786 | ·624 | −·523 | −·263 | −1·056 |
| ·354 | −2·434 | −·159 | −·446 | −·440 | −1·357 | ·404 | 1·437 | −·380 | −·906 |
| ·341 | −·895 | −1·350 | 1·000 | ·603 | −1·088 | −·689 | ·631 | ·376 | ·081 |
| 1·794 | ·641 | ·010 | ·410 | −·200 | ·438 | ·399 | ·217 | ·569 | ·409 |
| ·185 | −·204 | −·753 | −·372 | ·841 | ·962 | −·557 | −1·562 | −·682 | −·736 |
| ·943 | −·619 | 1·968 | −·738 | −1·129 | ·018 | ·660 | ·403 | 1·269 | ·234 |
| −·190 | −·274 | −·275 | −·591 | −·141 | 1·378 | ·172 | ·307 | 1·867 | ·618 |
| −1·280 | −·727 | −1·472 | 1·762 | ·404 | −·314 | −1·987 | −1·108 | ·417 | −·261 |
| 1·146 | −·472 | ·742 | −·839 | −·058 | −·167 | 2·073 | ·303 | −·253 | ·538 |
| −·170 | −·269 | −1·549 | ·805 | 1·563 | −·134 | ·857 | −1·778 | 1·237 | ·316 |
| ·590 | −·238 | −·486 | −·253 | 1·104 | −1·635 | −·092 | 2·113 | −·935 | −·260 |
| ·680 | −·009 | ·442 | ·060 | 1·033 | ·832 | −1·970 | −·595 | ·139 | ·118 |
| −1·057 | ·242 | −1·149 | −·045 | −·472 | −2·403 | ·662 | −·052 | ·392 | −·182 |
| −1·322 | −·062 | ·985 | −·411 | ·206 | −·722 | ·284 | ·239 | ·206 | ·767 |
| −1·635 | ·101 | −·900 | −·007 | 1·145 | −1·215 | 1·185 | −2·162 | 1·752 | ·964 |
| −1·244 | −·095 | ·529 | −1·045 | ·891 | 1·334 | ·317 | 1·427 | ·900 | −·382 |
| −·886 | ·181 | −·888 | −·606 | −·009 | −·416 | ·535 | ·955 | 1·603 | ·201 |
| −2·329 | −·491 | −·808 | ·502 | −·144 | ·655 | ·834 | −·177 | −·315 | −1·141 |
| ·203 | −·455 | −1·262 | −1·454 | −1·299 | ·511 | −·139 | ·231 | ·937 | ·190 |
| ·379 | 1·655 | −1·431 | 1·303 | ·662 | −·234 | −1·080 | 1·393 | −1·277 | −·708 |
| −·847 | ·665 | −1·498 | −·006 | ·026 | 1·422 | ·367 | −·543 | −1·042 | ·708 |
| 1·647 | −·174 | −·699 | 1·609 | −·762 | −1·279 | ·306 | −·415 | −1·689 | ·024 |
| ·998 | 1·712 | 3·432 | −·314 | 2·587 | 1·955 | ·121 | ·905 | −·701 | −1·284 |
| 1·963 | −·343 | 1·097 | ·583 | −1·080 | ·793 | −·936 | ·307 | 1·556 | 1·902 |
| ·745 | 1·227 | ·371 | −·643 | −·882 | −1·345 | −1·422 | −·336 | ·416 | −·001 |
| −·131 | −1·320 | 1·173 | 2·450 | −·165 | −1·253 | ·556 | ·576 | ·919 | −·266 |
| ·051 | −·779 | −1·829 | ·362 | −1·289 | 1·160 | 1·968 | ·216 | ·665 | 1·345 |
| −·477 | −·601 | 2·523 | ·838 | ·599 | −·628 | −·849 | ·433 | ·350 | ·802 |
| −·191 | −1·061 | −1·174 | −·154 | ·503 | −·493 | −·575 | −·189 | −2·168 | −·613 |

## 53. 正規乱数表 (II)

| | | | | | | | | | |
|---|---|---|---|---|---|---|---|---|---|
| ·153 | −·910 | −·545 | −1·304 | 1·958 | −·884 | −·878 | ·493 | ·990 | 1·895 |
| ·940 | −1·952 | ·563 | −·007 | ·108 | ·197 | 1·248 | −2·167 | ·840 | −·143 |
| ·377 | −·728 | ·732 | −·647 | −·401 | −·163 | −·046 | ·378 | 1·685 | −·882 |
| 1·091 | −·826 | ·739 | ·194 | ·307 | −1·397 | −1·505 | ·241 | −·246 | 1·317 |
| ·457 | 1·417 | 1·865 | −1·270 | −·346 | ·463 | −1·042 | ·538 | −·074 | ·204 |
| −1·907 | 2·862 | 1·647 | −·274 | ·664 | −·744 | −1·027 | −1·814 | ·719 | −·195 |
| −·536 | −·757 | 1·011 | 1·187 | ·565 | ·061 | −·259 | ·607 | 1·354 | ·891 |
| −·404 | −·981 | −·663 | ·931 | ·080 | −·648 | −1·338 | ·022 | ·558 | 1·075 |
| ·079 | 1·031 | −·741 | −1·122 | −·261 | 1·345 | ·728 | ·605 | ·306 | ·944 |
| ·659 | ·646 | ·144 | −1·466 | −·387 | ·544 | ·633 | ·941 | −·799 | −1·212 |
| −·408 | ·617 | −·373 | −·871 | −·373 | −2·512 | ·062 | −·386 | −1·089 | ·942 |
| −·846 | ·343 | 1·859 | ·529 | ·556 | ·847 | −·445 | 1·453 | −·632 | −·671 |
| ·423 | −1·861 | ·759 | ·186 | ·109 | ·294 | −·061 | ·915 | ·486 | −·049 |
| ·262 | ·566 | −·162 | −1·648 | 1·079 | −·229 | −·064 | 1·096 | ·343 | 1·307 |
| −·512 | ·456 | ·620 | ·134 | 1·280 | ·490 | ·417 | −2·344 | −1·266 | ·597 |
| ·975 | −1·189 | ·506 | ·324 | ·352 | ·103 | −·697 | −·310 | −·647 | −·476 |
| −·167 | −·517 | −1·772 | −1·868 | −·701 | −·671 | ·980 | ·888 | −·144 | ·769 |
| −1·312 | ·679 | ·747 | ·867 | −1·412 | 1·481 | ·175 | −·036 | −·649 | −·260 |
| 2·217 | −1·009 | ·344 | ·742 | ·570 | −1·538 | 1·546 | −·815 | −·403 | −·553 |
| 1·711 | −·272 | ·100 | −·876 | 1·348 | ·377 | −·355 | −1·156 | −·058 | ·886 |
| ·444 | −1·002 | ·219 | ·530 | −1·025 | −1·002 | −·895 | −·864 | −1·967 | −·564 |
| ·329 | 1·638 | −·873 | 1·009 | −·860 | ·247 | ·325 | −·996 | 1·591 | ·846 |
| ·166 | 1·695 | ·230 | −1·551 | ·017 | −·369 | −1·143 | −·138 | −·430 | ·311 |
| −1·568 | ·436 | −·267 | ·266 | ·690 | ·612 | −·928 | ·814 | −·447 | −·609 |
| ·192 | 1·187 | ·607 | −·035 | ·572 | ·866 | −1·301 | −·635 | −·823 | −·156 |
| −1·526 | ·520 | ·973 | 2·795 | −·234 | −·826 | ·196 | −1·548 | −·130 | −·894 |
| ·315 | −·799 | ·442 | ·105 | −·368 | −1·449 | −1·329 | ·051 | −·748 | −·289 |
| −1·368 | 1·210 | −·522 | 2·365 | −·161 | ·696 | ·804 | −·072 | −·622 | −·716 |
| −1·431 | ·082 | −·038 | 1·331 | 1·099 | −·623 | −·252 | −·214 | 1·969 | 1·842 |
| −·016 | −·832 | ·828 | −·895 | −·648 | 1·014 | ·075 | −·484 | ·246 | −1·071 |
| −1·629 | −1·771 | ·484 | −·134 | ·344 | 1·822 | 1·305 | ·529 | ·287 | −1·322 |
| ·848 | 1·143 | 1·455 | −·123 | ·877 | −1·088 | 1·495 | ·069 | −·060 | ·158 |
| ·068 | ·741 | −·911 | −·862 | 1·234 | −2·115 | −·144 | −·454 | −·056 | ·810 |
| −·650 | ·176 | −1·725 | 2·632 | −·743 | ·970 | ·988 | −1·057 | ·620 | ·059 |
| ·525 | −·017 | 1·030 | ·906 | −·534 | −·124 | −1·636 | −·793 | −·886 | 1·340 |
| ·811 | −·538 | ·760 | −·114 | −·405 | ·844 | −·599 | 1·394 | ·079 | 1·786 |
| −·677 | −1·186 | 1·198 | ·067 | 1·200 | 1·431 | −·081 | −·456 | ·805 | ·138 |
| −·960 | 2·332 | −·957 | 1·263 | −1·182 | −1·533 | 1·321 | 1·054 | −·745 | ·604 |
| −·919 | 1·213 | 1·854 | −·967 | ·187 | −·712 | ·643 | ·514 | −1·165 | ·266 |
| −·261 | ·053 | −1·562 | −1·131 | ·167 | −·358 | 1·585 | ·906 | −1·174 | 1·529 |
| −·149 | −·402 | −1·302 | ·758 | −·836 | ·009 | ·790 | 1·610 | −·486 | 1·716 |
| −·483 | −1·308 | ·441 | −·284 | −·466 | ·613 | −·768 | −1·663 | 1·384 | ·092 |
| 1·118 | ·558 | −·685 | −1·395 | −1·794 | −·010 | ·101 | −·461 | −·743 | ·492 |
| −·881 | −·669 | ·161 | −·691 | ·385 | −2·036 | ·525 | −1·619 | ·457 | −·631 |
| ·503 | 1·029 | −·748 | −1·074 | ·456 | −·368 | 1·955 | ·412 | 1·158 | −·005 |
| ·323 | −·370 | −1·515 | 2·421 | −·121 | −·419 | −·512 | −·849 | ·375 | −1·568 |
| ·196 | ·479 | −·601 | 1·189 | −·898 | −1·832 | 2·633 | 2·913 | 1·308 | −·121 |
| ·453 | −2·526 | ·558 | −·838 | −·015 | ·411 | −1·374 | −1·210 | ·724 | −1·006 |
| ·062 | −1·026 | −1·697 | −·663 | −·242 | ·723 | −·130 | −1·508 | ·383 | −·033 |
| −·606 | −·588 | ·995 | −·846 | ·532 | ·478 | ·691 | ·629 | ·747 | −·859 |

## 54. 正規乱数表（III）

| | | | | | | | | | |
|---|---|---|---|---|---|---|---|---|---|
| ·156 | 1·458 | ·646 | −·192 | −1·155 | −·847 | −·968 | 2·176 | −·447 | −·489 |
| −·625 | −·837 | ·499 | −1·208 | −·612 | −1·964 | 1·429 | −·437 | −1·655 | 2·777 |
| −2·628 | −·044 | −·726 | −·010 | −·639 | ·103 | −·469 | −1·676 | ·418 | −·314 |
| 1·057 | −·103 | −·045 | −1·050 | −·461 | −·614 | 1·579 | −1·735 | −1·093 | 1·143 |
| ·446 | ·273 | −1·496 | −·631 | ·131 | 1·919 | ·581 | −·875 | ·707 | ·124 |
| | | | | | | | | | |
| −1·672 | −·749 | −1·390 | ·930 | ·904 | −1·075 | −·362 | ·345 | ·249 | ·865 |
| 1·008 | −·229 | −1·002 | −1·596 | ·721 | −1·336 | 2·809 | −·266 | ·253 | ·634 |
| −1·273 | ·102 | −·501 | −·223 | 1·086 | 1·337 | −·701 | −·451 | −1·752 | ·317 |
| −1·944 | ·640 | −·118 | −·214 | ·866 | 1·777 | −1·183 | ·176 | −1·436 | 2·029 |
| 1·685 | −·622 | −·501 | ·574 | −·424 | −·074 | ·065 | −1·510 | ·829 | ·207 |
| | | | | | | | | | |
| ·141 | ·073 | 1·188 | ·392 | 1·446 | −·186 | −·580 | ·147 | −1·482 | 1·553 |
| −·753 | ·041 | 1·410 | ·775 | −1·104 | ·235 | −2·043 | ·229 | −·155 | −·803 |
| −1·337 | ·589 | −·524 | −·167 | ·701 | ·522 | −1·635 | ·006 | ·789 | ·949 |
| −·995 | −1·151 | −·950 | −·341 | −·719 | −·835 | 2·435 | ·983 | −·606 | ·692 |
| ·439 | −·702 | 1·021 | ·838 | −·399 | −·443 | ·436 | −·717 | ·708 | ·207 |
| | | | | | | | | | |
| ·519 | −1·033 | ·572 | −·066 | ·101 | −·162 | 2·048 | 1·493 | ·980 | −1·994 |
| −1·231 | −1·009 | −·447 | ·393 | ·050 | ·396 | 1·561 | ·836 | −·659 | 1·755 |
| ·185 | −·442 | 1·269 | −1·490 | −2·278 | −·725 | −·529 | ·665 | −·008 | −1·315 |
| ·407 | −1·451 | ·560 | 1·789 | −·223 | −·811 | 1·583 | ·943 | −·855 | 2·868 |
| ·606 | ·440 | −·740 | −1·401 | ·488 | −·434 | ·249 | −·571 | 1·088 | ·450 |
| | | | | | | | | | |
| 1·558 | −·731 | −1·808 | ·413 | 1·217 | −·431 | −·319 | ·411 | −·742 | ·286 |
| −·267 | −1·750 | −1·563 | −·112 | −·558 | ·762 | 1·385 | −·566 | 2·023 | ·549 |
| −2·117 | −·250 | 1·390 | ·224 | 1·064 | −·165 | −·832 | ·929 | ·449 | ·370 |
| −1·197 | ·462 | 1·453 | −1·272 | 1·073 | −·029 | −·880 | ·571 | ·788 | −·413 |
| ·567 | 1·172 | ·509 | 1·837 | −·664 | −1·080 | ·421 | ·452 | −·927 | −·652 |
| | | | | | | | | | |
| −·400 | ·747 | −1·186 | −·021 | −·369 | ·165 | ·432 | 1·192 | ·697 | ·030 |
| −·313 | 1·003 | ·424 | −·382 | −·560 | ·037 | −·118 | −1·799 | ·579 | −·151 |
| −·676 | −1·799 | −1·198 | ·926 | −1·348 | −·402 | ·592 | −·482 | −·913 | −·916 |
| −·282 | −·320 | −·506 | ·265 | −·291 | −·575 | −3·063 | ·491 | 2·312 | −·033 |
| −2·991 | ·526 | ·565 | ·413 | −·534 | 1·139 | −·847 | −·123 | ·583 | ·252 |
| | | | | | | | | | |
| ·324 | −·890 | 1·326 | −·800 | −·415 | −·080 | −·390 | ·294 | ·925 | −1·029 |
| ·200 | ·628 | ·394 | ·388 | ·917 | ·777 | ·587 | 1·132 | ·006 | ·294 |
| 1·739 | −·747 | −·205 | −1·074 | −·291 | −1·385 | −·485 | −·901 | −·590 | ·261 |
| ·469 | 1·158 | 1·867 | ·537 | ·934 | −1·197 | −·669 | 1·134 | −·061 | −·087 |
| ·207 | −·191 | 1·149 | −1·165 | −·983 | −1·338 | 1·497 | 1·406 | −·575 | ·352 |
| | | | | | | | | | |
| −·332 | −1·718 | ·252 | −1·294 | −·780 | ·779 | −2·215 | −2·052 | −·656 | ·804 |
| −·942 | ·624 | 1·304 | −·875 | ·271 | −·173 | 1·794 | −·975 | ·782 | −·764 |
| ·223 | −·327 | −·071 | −·421 | ·375 | −·417 | −·145 | −·138 | −·912 | ·028 |
| ·365 | −1·310 | 1·145 | −·536 | 1·607 | 1·419 | −·402 | −·133 | ·515 | −·259 |
| −1·075 | ·950 | ·112 | ·707 | −·387 | 1·622 | −·844 | −·304 | ·909 | 1·239 |
| | | | | | | | | | |
| −·756 | −·451 | −·274 | −·378 | 1·026 | ·527 | −·912 | −2·004 | 1·138 | 1·165 |
| −·815 | −1·948 | ·685 | −1·821 | −·660 | −·766 | ·190 | −·588 | −·088 | −·110 |
| ·223 | ·418 | −·238 | −·473 | ·593 | −·147 | ·554 | ·092 | ·258 |
| ·212 | −·538 | 1·382 | −·961 | −1·140 | ·763 | ·697 | −·696 | ·808 | ·136 |
| ·334 | ·707 | −1·024 | −1·315 | −·503 | ·328 | 1·109 | ·168 | −·368 | ·599 |
| | | | | | | | | | |
| −·423 | −·810 | −·607 | −2·366 | 1·848 | −·536 | ·377 | −·698 | ·585 | ·806 |
| ·332 | ·387 | −·956 | ·456 | ·366 | ·622 | −·077 | −·535 | −·733 | −·878 |
| −·862 | 1·767 | −·034 | ·824 | ·647 | ·443 | −·891 | −1·191 | −·242 | −·693 |
| −·911 | −·584 | ·791 | 1·731 | ·227 | ·451 | −·847 | 1·844 | ·450 | ·519 |
| −1·245 | ·051 | −·083 | −1·035 | −·319 | −·903 | −·730 | −1·409 | ·695 | ·890 |

## 55. 正 規 乱 数 表 (IV)

| | | | | | | | | | |
|---|---|---|---|---|---|---|---|---|---|
| 2·503 | −·210 | −·073 | −·465 | 3·689 | ·823 | −·290 | −·974 | 2·315 | ·476 |
| 1·345 | ·745 | ·043 | −·347 | ·835 | −·896 | −·082 | −·523 | −·111 | ·581 |
| 773 | 1·102 | ·287 | 2·650 | ·883 | ·257 | −·855 | −1·410 | ·056 | 1·143 |
| −·955 | −·647 | ·368 | −1·957 | 1·142 | −·434 | ·311 | ·878 | −1·562 | −·618 |
| −·188 | 1·062 | ·731 | ·096 | −·021 | ·201 | ·389 | −·921 | −·462 | −·654 |
| ·324 | −·390 | −·354 | ·626 | −1·056 | −·469 | −2·363 | ·242 | −·228 | −1·484 |
| −1·774 | ·608 | ·450 | −·890 | ·462 | −·411 | ·481 | −·216 | ·403 | ·732 |
| ·331 | −·558 | −·806 | −1·092 | −·075 | −·628 | ·090 | −·343 | ·339 | 1·021 |
| ·165 | −2·064 | −·257 | ·022 | −·283 | 1·072 | −1·096 | ·556 | −1·110 | −·451 |
| ·541 | ·541 | −·189 | ·130 | ·838 | −2·088 | 1·617 | −·857 | ·511 | ·438 |
| ·627 | −1·484 | 1·031 | ·529 | −·078 | −·734 | −1·065 | −1·772 | ·838 | 1·165 |
| −·763 | ·176 | 1·067 | ·067 | −1·598 | ·042 | −·901 | 2·546 | −·816 | −·139 |
| ·033 | −·249 | 1·958 | ·619 | −1·005 | −·160 | ·369 | −·832 | ·203 | −·669 |
| ·795 | 1·891 | −·226 | ·254 | −1·232 | ·791 | −·074 | ·274 | −·212 | −2·294 |
| −2·326 | −·290 | ·525 | −·708 | −1·396 | −1·380 | −·323 | −·144 | −·392 | ·289 |
| −·130 | 1·243 | −1·529 | ·831 | −·959 | ·212 | −·056 | −·929 | −1·056 | ·345 |
| −·958 | ·074 | 2·179 | −·175 | −·810 | −·235 | −·330 | −·486 | −·815 | 1·145 |
| −1·862 | 1·712 | ·932 | −·790 | 1·166 | 1·031 | −1·227 | ·064 | −·366 | 1·434 |
| ·308 | −·917 | ·434 | −·605 | ·662 | −·312 | ·183 | −1·013 | −2·521 | ·761 |
| ·831 | −·031 | −·438 | −·933 | −·588 | ·833 | ·038 | ·288 | −1·355 | ·902 |
| ·342 | 1·940 | 1·051 | −·015 | −·700 | ·522 | ·906 | ·184 | ·440 | −·665 |
| −·309 | −1·891 | ·996 | −1·273 | −·821 | 1·998 | ·060 | −·055 | −1·726 | ·197 |
| −3·084 | 1·035 | −·202 | −1·758 | 1·514 | −·489 | −·409 | ·117 | −·640 | ·167 |
| ·832 | ·892 | −·558 | −·195 | 1·208 | −·326 | −1·280 | ·971 | −·548 | ·914 |
| ·824 | 1·595 | −·596 | −1·889 | ·703 | −·068 | ·823 | −·943 | −·247 | −·748 |
| −·700 | ·312 | ·415 | ·213 | ·517 | −1·456 | ·087 | −·183 | ·544 | −1·243 |
| −1·397 | −·447 | −·141 | ·208 | ·699 | −1·257 | −·209 | ·894 | ·300 | ·887 |
| ·328 | −2·359 | −·260 | ·890 | ·593 | −·617 | 1·003 | −·443 | ·168 | −1·160 |
| −·328 | 1·347 | −3·066 | −·615 | 1·711 | −2·160 | −·241 | −·090 | 1·340 | −·297 |
| ·168 | 1·242 | −2·021 | −·433 | −1·873 | 2·229 | 1·142 | −1·756 | −1·107 | −2·600 |
| ·234 | 2·782 | −1·965 | −·755 | 1·214 | ·047 | ·788 | ·279 | ·147 | ·404 |
| ·505 | −1·663 | 1·161 | −·252 | −·633 | −·583 | ·113 | −1·238 | −·178 | ·794 |
| −·027 | −·533 | ·383 | ·492 | −·712 | ·446 | −·541 | −·576 | −·428 | ·530 |
| −1·423 | −·034 | ·238 | ·106 | −·434 | −1·473 | −2·381 | 1·123 | −·256 | ·894 |
| −1·460 | ·694 | ·531 | −·570 | 2·580 | −1·199 | 1·589 | −·183 | −·734 | −·405 |
| ·610 | −1·623 | −1·124 | −2·434 | −·242 | −·741 | −·852 | 1·658 | 2·033 | −1·073 |
| −·815 | ·010 | −·662 | −1·379 | −2·190 | −1·018 | ·272 | 1·673 | −1·132 | ·606 |
| −·608 | 1·190 | ·283 | ·288 | −·511 | 1·053 | 1·003 | −·486 | −1·242 | ·884 |
| −1·826 | −·242 | 1·332 | 1·177 | −·196 | −·338 | −·037 | ·978 | −1·156 | ·728 |
| 2·278 | 1·401 | 1·971 | −·233 | −1·441 | ·914 | 1·327 | −·906 | ·285 | −2·010 |
| −·083 | −·335 | 1·322 | 1·014 | −·891 | −1·632 | −·692 | 1·975 | −·901 | −1·153 |
| ·182 | 1·253 | 1·889 | −1·930 | −·361 | −1·971 | ·233 | −·819 | ·714 | ·887 |
| −·661 | −·173 | −1·207 | ·856 | 1·377 | 1·138 | ·919 | −·718 | −1·691 | −1·756 |
| −·526 | ·998 | ·007 | ·873 | −·064 | ·118 | −·065 | −·521 | −1·531 | ·907 |
| −·452 | −·353 | −·157 | ·536 | 1·055 | ·711 | −·462 | 1·078 | ·327 | −·445 |
| ·462 | ·284 | ·683 | −·302 | −1·544 | 2·191 | ·712 | ·266 | ·678 | −·288 |
| ·981 | −·964 | ·937 | −·093 | 1·005 | 1·094 | ·328 | −·130 | −·922 | 1·480 |
| 1·698 | −·138 | ·059 | ·843 | −·895 | ·268 | −·255 | −1·438 | ·795 | −1·097 |
| ·319 | ·825 | −·821 | −1·901 | ·905 | −1·306 | ·627 | −1·442 | −·455 | ·850 |
| −1·483 | 1·660 | 1·109 | 2·745 | ·693 | −·428 | −1·138 | −·129 | ·863 | −2·180 |

### 56. 簡易表

#### $\bar{X}-R$ 管理図用係数表 (→p.3)

| $n$ | $A_2$ | $D_4$ | $d_2$ | $d_3$ |
|---|---|---|---|---|
| 2 | 1·880 | 3·267 | 1·128 | 0·853 |
| 3 | 1·023 | 2·575 | 1·693 | 0·888 |
| 4 | 0·729 | 2·282 | 2·059 | 0·880 |
| 5 | 0·577 | 2·114 | 2·326 | 0·864 |

#### $t$ 表 (→p.6) / $\chi^2$ 表 (→p.8)

| $\phi$ | 両側 5% | 両側 1% | 上側 5% | 上側 1% |
|---|---|---|---|---|
| 1 | 12·71 | 63·66 | 3·84 | 6·63 |
| 2 | 4·30 | 9·92 | 5·99 | 9·21 |
| 3 | 3·18 | 5·84 | 7·81 | 11·34 |
| 4 | 2·78 | 4·60 | 9·49 | 13·28 |
| 5 | 2·57 | 4·03 | 11·07 | 15·09 |
| 6 | 2·45 | 3·71 | 12·59 | 16·81 |
| 7 | 2·36 | 3·50 | 14·07 | 18·48 |
| 8 | 2·31 | 3·36 | 15·51 | 20·09 |
| 9 | 2·26 | 3·25 | 16·92 | 21·67 |
| 10 | 2·23 | 3·17 | 18·31 | 23·21 |
| 11 | 2·20 | 3·11 | 19·68 | 24·72 |
| 12 | 2·18 | 3·05 | 21·03 | 26·22 |
| 13 | 2·16 | 3·01 | 22·36 | 27·69 |
| 14 | 2·14 | 2·98 | 23·68 | 29·14 |
| 15 | 2·13 | 2·95 | 25·00 | 30·58 |
| 16 | 2·12 | 2·92 | 26·30 | 32·00 |
| 17 | 2·11 | 2·90 | 27·59 | 33·41 |
| 18 | 2·10 | 2·88 | 28·87 | 34·81 |
| 19 | 2·09 | 2·86 | 30·14 | 36·19 |
| 20 | 2·09 | 2·85 | 31·41 | 37·57 |
| 21 | 2·08 | 2·83 | 32·67 | 38·93 |
| 22 | 2·07 | 2·82 | 33·92 | 40·29 |
| 23 | 2·07 | 2·81 | 35·17 | 41·64 |
| 24 | 2·06 | 2·80 | 36·42 | 42·98 |
| 25 | 2·06 | 2·79 | 37·65 | 44·31 |
| 26 | 2·06 | 2·78 | 38·89 | 45·64 |
| 27 | 2·05 | 2·77 | 40·11 | 46·96 |
| 28 | 2·05 | 2·76 | 41·34 | 48·28 |
| 29 | 2·05 | 2·76 | 42·56 | 49·59 |
| 30 | 2·04 | 2·75 | 43·77 | 50·89 |
| ∞ | 1·96 | 2·58 | ― | ― |

#### 標準正規分布 (→p.4)

| $K_P$ | $2P$ (両側) | $P$ (片側) |
|---|---|---|
| 1 | ·3173 | ·15866 |
| 2 | ·0455 | ·02275 |
| 3 | ·0027 | ·00135 |
| ·6745 | ·50 | ·25 |
| 1·2816 | ·20 | ·10 |
| 1·6449 | ·10 | ·05 |
| 1·9600 | ·05 | ·025 |
| 2·3263 | ·02 | ·010 |
| 2·5758 | ·01 | ·005 |
| 2·8070 | ·005 | ·0025 |
| 3·0902 | ·002 | ·0010 |
| 3·2905 | ·001 | ·0005 |

#### 定数

$\pi = 3.1416$
$\sqrt{\pi} = 1.7725$
$\sqrt{2\pi} = 2.5066$
$\dfrac{1}{\sqrt{2\pi}} = 0.3989$
$e = 2.7183$
$\dfrac{1}{e} = 0.3679$
$\log e = 0.4343$
$\ln 10 = 2.3026$
$1\,\text{rad} = 57°296$
$1° = ·01745\,\text{rad}$

#### $F$ 図表 (上側 5%) (→p.10)

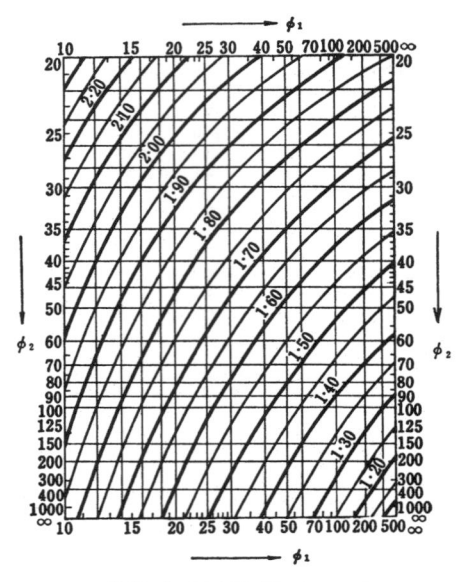

#### $F$ 図表 (上側 1%) (→p.10)

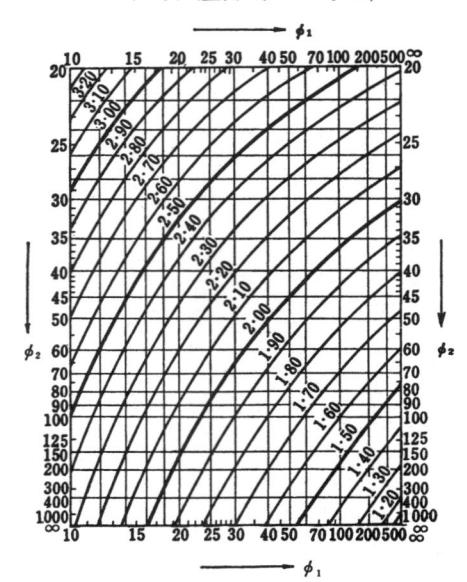